U0332720

SEO攻略（精装版）

搜索引擎优化策略与实战案例详解

杨帆◎编著

人 民 邮 电 出 版 社

北 京

图书在版编目（CIP）数据

SEO攻略 : 搜索引擎优化策略与实战案例详解 / 杨帆编著. -- 北京 : 人民邮电出版社, 2017.4 (2017.12重印)
ISBN 978-7-115-45288-7

Ⅰ. ①S… Ⅱ. ①杨… Ⅲ. ①搜索引擎－程序设计 Ⅳ. ①TP391.3

中国版本图书馆CIP数据核字(2017)第057365号

内容提要

本书介绍了SEO的基本要素，前半部分侧重讲解SEO策略，教会读者掌握SEO每一个细节策略性的操作；后半部分侧重案例分析，详细分析了大型门户网站、电子商务网站以及中小型企业网站的SEO策略，结合网络创业，让读者不但领悟理论知识，更知道如何把理论知识转化为执行力。附录部分提供了SEO服务协议范本和网站SEO方案范本等内容。

本书基于作者多年SEO操作积累的经验编写而成，不仅讲究SEO策略，而且结合实战案例分析，将SEO操作落实到网络创业与赢利之上，帮助读者利用所掌握的技术在互联网上淘得第一桶金。

本书适用于SEO和网络营销的初学者，尤其是企业网站的推广人员和站长。此外，本书还适合作为网络营销和电子商务类专业的教学参考用书。

◆ 编　　著　杨　帆
责任编辑　李　强
责任印制　彭志环

◆ 人民邮电出版社出版发行　　北京市丰台区成寿寺路11号
邮编　100164　　电子邮件　315@ptpress.com.cn
网址　http://www.ptpress.com.cn
北京圣夫亚美印刷有限公司印刷

◆ 开本：700×1000　1/16
印张：15　　　　2017年4月第1版
字数：220千字　　　　2017年12月北京第2次印刷

定价：59.00元

读者服务热线：(010)81055488　印装质量热线：(010)81055316
反盗版热线：(010)81055315

前 言

当前网络的应用越来越广泛，已经渗透到社会、经济和文化的各个领域，带来社会经济和人们生活方式的重大变革。我们已经开始步入网络化的时代。国际上越来越多的企业开始认识到网络省钱、快捷、覆盖面广、传播快等诸多优点对企业经营发展的作用，纷纷开始将其作为自己新的营销平台。

最初有人意识到把传统产品拿到网络上销售的好处，但由于当时的网络市场还不成熟，网络营销模式还有欠缺，很多人没能从互联网中淘到第一桶金。

随着网络的发展，我国也陆续有企业进军互联网，网络给企业带来了不少实际的益处。企业进军互联网第一件要做的事就是建设网站。早几年企业对网络还比较陌生，追求的是网站建设得多么好看，都有怎样的“炫”功能。网络发展到现在，对企业来说，网站的视觉效果和“炫”功能已经不再是重点，重点在于有没有人来浏览自己的网站，有多少人来浏览自己的网站，又有多少人来网站发生了购买行为。这就需要做网站的推广。网站推广最省钱、最持久、获得流量最大的方法非 SEO 莫属。SEO 是主推被动式营销，它是通过方法和策略把网站关键词排到搜索引擎的前面，让客户主动联系企业，而且全程都是免费的。

学会 SEO 就可以用掌握的知识获得一份轻松的工作、快乐的工作、赚钱的工作。

没有高学历，没有高地位，一样可以享受快乐的生活。

如果读者对此感兴趣，那就从本书开始出发吧！

读者能从本书中学到什么

1. 什么是真正的 SEO？
2. SEO 能给我们带来什么好处？
3. 做一名 SEO 人应该具备哪些素养？
4. SEO 与 SEM 有何关系？

5. 如何正确选择合适的域名和空间？

6. 如何正确设计二级域名、一级目录和文件名？

7. 如何正确设计 Title、Description、Keywords？

8. 关键词在网页中的排放位置和形式怎样才是最合适的？

9. 如何合理地增加关键词？

10. 如何监测关键词的趋势走向？

11. 如何针对关键词做排名会让流量大增？

12. 如何不用写文章就能每天增加原创文章？

13. 制作站内链接有哪些手段和策略？

14. 如何获得高质量站外链接？

15. 如何监测网站每天的 IP、PV、回头客、来路和入口？

16. 什么是“白帽“和“黑帽”？

17. 哪些手段是作弊？

18. 被搜索引擎惩罚后应该怎样处理？

19. 大型门户网站、电子商务网站、中小型企业网站是如何使用 SEO 策略的？

20. 如何利用 SEO 技术来赚钱？

21. 如何给自己做网络创业的规划？

22. SEO 实践应该怎样迈出第一步？

如果你一直在渴望得到上面问题的答案，请翻阅本书。

掌握本书内容后运用于网站，预计会达到的效果

1. 网站结构设计合理。

2. 网站关键词排名整体上升。

3. 网站流量以倍数上涨。

4. 增加用户咨询量。

5. 增加网站销售订单量。

6. 在短时间内增加收入，提升企业品牌知名度。

本书的主要内容

本书共 9 章，分为三大块，第 1～7 章为 SEO 的策略，第 8 章是经典案例分析，第 9 章讲解如何利用 SEO 技术进行网络创业和赚钱。

第 1 章主要讲解 SEO 的基础概念，并说明学习 SEO 的目的以及 SEO 操作可以给网络营销带来的好处。

第 2 章主要讲解网站选择域名、空间要注意的事项，以及如何制定搜索引擎喜欢的网站构架与网站标签。

第 3 章主要讲解如何选择正确的关键词、合适的关键词密度、查询关键词趋势以及如何选择和设计长尾关键词。

第 4 章主要讲解网站哪些内容更容易被搜索引擎搜索到，如何制作原创内容、转载内容、让用户创造内容和如何进行内容的编辑与处理。

第 5 章主要讲解制作站内链接的方法与策略，介绍站外链接的方法与手段。

第 6 章主要讲解网站流量数据统计与分析方法，分析常见的流量统计系统，帮助读者了解如何操作流量统计系统和查看网站表现的数据信息。

第 7 章主要讲解“黑帽”与“白帽”以及网站被降权后的处理方法与手段。

第 8 章主要分析大型门户网站、电子商务网站、中小型企业网站的 SEO 使用策略。

第 9 章主要讲解如何利用 SEO 赚钱，如何选择适合自己的网络创业模式，如何把掌握的知识运用到实战当中。

本书的读者对象

1. 企业的网络营销人员

□ 是不是网站的美观与功能都具备了，但就是无流量？

□ 是不是不知道该选择哪种网站推广方法？

□ 是不是尝试做了一些推广手段，但流量一直不平稳？

□ 是不是每月花了大把的银子就是没有好的效果？

有以上问题不用怕，企业的网络营销人员掌握本书内容之后就可以为企业带来实实在在的业务订单。

2. 个人站长

流量少、赚辛苦钱，都不是问题！本书可以让站长不用花一分钱，就可以给网站带来大的流量，赚取更多的广告费。

3. 网络营销及电子商务专业学生

没有建站经验和互联网创业经验，却渴望把网络操作技术作为一个核心技能，给未来就业加上重要筹码吗？阅读本书是最好的开始。

4. 传统企业老板及营销人员

不知道如何开展网络营销？没有关系！把传统的资源搬到网络上，结合本书的知识，让网站获得更多、更精准的流量，让线下线上双丰收！

5. 网站技术人员

做了多年的网站建设，是不是还是发现建设的网站不容易被搜索引擎搜索到？掌握本书的知识后建设的网站，被搜索引擎收录更快，排名更高。

6. 网络服务公司

卖空间、域名和其他网络基础产品，只是为客户提供了网络的平台，但客户想要的是通过网络卖出自己的产品和服务，该如何满足客户需求？掌握了本书的知识，就可以为客户做后续的网站推广和营销服务了。

本书与众不同之处

本书最大的特色在于：讲究SEO策略，注重实战案例分析，与网络创业与赚钱紧密结合。

我做了大量针对SEO爱好者的调查问卷，他们大部分都想在书中能学习到实战的经验，能在案例中学习到真正利于成功的知识点；其次是想把SEO和赚钱结合起来，不但要学会SEO知识，而且要知道如何利用SEO赚钱。

针对这样一种需求，我策划出这本定位于实战研究的SEO书。读者不但看得懂，而且做得到！

不是一个人在战斗

本书共9章内容，历时1年时间完成，反复修改不计其数。

在此要感谢龙城网站策划机构的徐樱为本书整理了大量的文字信息，感谢我的学生陈朝兴为本书提供了京翰教育网站的数据和资料，感谢摄影师周围的拍摄。有了他们的支持，本书才能顺利面市。

感谢为本书写推荐的朋友们在百忙之中对本书进行点评，也感谢所有读者对我和本书的信任，你们的加入为本书又增添了亮丽的一笔！

最后希望本书会进一步促进中国 SEO 事业的发展，让我们一起为中国的 SEO 事业添砖加瓦！

目 录
contents

第1章　SEO 概述

2008年互联网调查报告显示，约78%的网民通过搜索引擎这一方式查找自己所需要的信息。所以，不管是个人站长、企业网站的管理者，还是大中型网站的运营者，对搜索引擎的关注都是日常工作的重点。很多人都认为网站被搜索引擎关注的程度是非常重要的。但是为什么如此重要，这些重要性的依据又从何而来？下面这个报告，可以帮助我们了解一些相关的信息。

搜索引擎中，用户对搜索结果的关注度自然排名如下。

搜索结果第1位：100%

搜索结果第2位：100%

搜索结果第3位：100%

搜索结果第4位：85%

搜索结果第5位：60%

搜索结果第6位：50%

搜索结果第7位：50%

搜索结果第8位：30%

搜索结果第9位：30%

搜索结果第10位：20%

通常，用户对自然排名前10位的网站关注最多。如果我们的网站可以保持在搜索结果中的前3位，无疑网站的被关注度会很高，若持续这样的排名状态，网站的未来是不可估量的。

那么，这些在搜索结果里所显示的网站排名，遵循的是什么样的排序标准呢？排在前面的网站，是不是可以不再被挤出局？利用这些排名，可以给网站的运营带来哪些好处？网站排名靠前，是否意味着其运营成功？这些疑问，都会随着接下来一步步的分析逐渐明朗。答案，需要我们一起寻找。

1.1 SEO 简介

SEO（搜索引擎优化）是面向搜索引擎总体的，而不是针对百度和谷歌或者某个单一的搜索引擎，如图 1-1 所示。它是对网站进行整体修改，以符合搜索引擎的搜索原则，使网站在搜索引擎中的排名靠前。

图 1-1 SEO 不影响单一搜索引擎

SEO 涉及网站结构、页面设计、内容添加以及各种外部条件等内容。虽然谷歌、百度、雅虎等网站都拥有各自的搜索技术，彼此的技术又都有一些不同，但是搜索的基本原则类似。

SEO 既是一种技术，又是网络营销的手段。它归属于主推被动式营销，通过迎合用户的搜索习惯，达到营销的目的。在搜索结果中，我们所看到的排名是 SEO 的载体。

除 SEO 之外，对网络推广、用户体验以及用户转化等要素的有效整合，也是形成销售的重要手段。反过来，如果已经形成销售，也并不代表目前的销售已经达到了最好的效果，还可以通过 SEO 使得销售业绩再升一级。

但是我们不能迷信 SEO 能完全代替网络营销，网络营销是对多种手段的整合，不是单一手法就可以被称为网络营销或者可以直接取代网络营销的。

1.1.1 SEO“何许人也”

1. SEO的“家乡”

SEO 起源于国外。最初，从事 SEO 的人员被谷歌称为 Search Engine Optimizers，也就是研究搜索引擎优化的人。由于谷歌是目前世界上最大的搜索引擎提供商，所以谷歌也成了全世界 SEO 人的主要研究对象。而对于国内人员来说，百度和雅虎也是 SEO 人的主要研究对象。

2. SEO“闯关东”

2002年，SEO被引入国内，到目前为止，在中国已经经历了15年的发展，而发展势头也越来越强劲。其中，中国企业对 SEO 的认可是促进SEO在国内迅速发展的重要原因。

中国的搜索引擎——百度，对SEO的支持态度是SEO在中国广泛传播并被大量应用的重要平台因素。百度对于SEO的态度如何呢？百度的首席执行官李彦宏表示：未来的现代企业，都应该成立自己的SEM[①]部门。

目前，在 SEM 中，最被大家所熟悉的就是竞价排名及购买关键词广告，此外还有SEO和PPC[②]，但是PPC因为价格方面竞争优势不足，没有被广泛地运用，可见，SEO未来的发展前景是不可估量的。

3. 认识SEO

SEO用英文解释是 to use some technics to make your website in the top places in search engine, when somebody is using search engine to find something（使用一些技巧，让你的网站被使用搜索引擎的人在搜索显示结果的前面发现），即“搜索引擎优化”，一般简称为SEO。我们在释义里看到，SEO是使用一些技巧，以达到搜索引擎优化的效果。那么究竟是什么样的技巧，可以做到让搜索引擎“听话”呢？

这些被统称为SEO的技巧，就是根据搜索引擎对各个网站的审核原则和评判标准以及特点，来对网站相关的结构、内容上进行重组和优化，使其有更多的内容被搜索引擎收录，从而提高网站访问量，提高网站在搜索引擎中的排名，最终提升网站的销售能力或宣传能力的技术。

4. SEO的作用

在谷歌英文网站中，有这么一段对SEO作用的说明——Effective SEO of a website can highly assist in the natural ranking of that website for specifically targeted terms, which send the most targeted and converting traffic to the site of your business（有效的SEO能令一个网站的自然排名提高并转

---

① SEM：搜索引擎营销，指全面而有效地利用搜索引擎进行网络营销和推广。SEM追求最高的性价比，以最小的投入获得最大的来自搜索引擎的访问量，并产生商业价值。

② PPC：Pay Per Call，指根据有效电话的数量进行收费。

换，使这个网站明确地被它的客户所聚焦）。它高度地概括了 SEO 的核心作用。SEO 的终极目标是从根本上改善网站的结构和内容，从而提供给搜索引擎一个非常宝贵的信息源。经过 SEO 获得的收益，则是网络营销的现实目标。这个现实目标的实现是网络营销取得成功的初期目标，而终极目标则是将一个网站应该发挥的作用最大化，使网站收益和投资比率大幅提高，达到 SEM 的效果。

只有接近永久目标，SEO 才算完成使命。因此，SEO 是一个长期的工程，只有长期的目标实现，网站才会真正成为网络营销最有利的载体，而不会再被投资者称为“烧钱的机器”。

1.1.2 为什么要学习 SEO

SEO 不只停留在网站排名的角度上，还能延伸出很多分支，所以它也代表一种工具、文化和策略，它讲的是大局。我们需要按照搜索引擎的规律来建立网站的结构，按照搜索引擎阅读网页的方法来设计内容，再按照搜索引擎衡量网站权威程度的方法来与互联网上相关的资源建立链接关系。这些都是大局层面的内容。而 SEO 也是细节上的工作，每一个页面无论标签的 Title、Keywords 还是 Description 等都要一点一点去做。

1. SEO的优势

SEO 到底能体现哪些价值？下面就来说一下 SEO 到底有哪些优势。

- **让客户主动上门**

对于企业来说，最大的困难是寻找客户。企业以前常常通过报纸广告、直接邮寄、电话营销等方式来寻找商机，但效果不是很理想，在营销过程中的针对性不是很强，往往会造成营销成本的增加和浪费。所以 SEO 是一种具有针对性的方式，而不是大海捞针似地寻找客户，它使有着现实需求的潜在客户通过搜索关键词可以找到所需的企业。

- **SEO 最受认可**

在调查中发现，中小企业最认可的网络推广手段是 SEO，比率高达 75.30%，远远高于其他的网络营销手段。目前，从得到的实际反馈来说，百度竞价排名的效果要远远领先于其他同类产品。为什么搜索引擎会如此受欢迎呢？比如企业申请域名、建设网站等于拥有了自己的网络身份，这是网络营销的第一个阶段。但有了网络身份之后，由于企业网站的知名度不够，没有人来光顾，质量再好、服务再优秀别人也不知道，那怎么办？这就要进入第二个阶段，即推广自己的网站，只有这样才能带来新客户。第二阶段可以采用的手段有很多，例如网站链接、网络广告等，但是最便宜、效果最快、又省心且不浪费时间的方式就是 SEO。

- **潜在用户量最大**

百度作为全球最大的中文搜索引擎，目前每天的搜索量可达到 1 000 多万人，搜索次数可达到 9 000 多万次，现居中国所有网站点击率第一。

谷歌可称为全世界搜索量最大的搜索网站，每天有 8 000 多万人的搜索量，搜索次数可达 5 亿多次，现居全世界网站点击率排名第二位。

据调查，用户得知一个新网站，80%的渠道来源于搜索引擎。

- **从国外发展**

SEO 这个行业在国外是 2000 年兴起的，但在国内是 2002 年才渐渐有的。据了解，在国外搞 IT 网络赚钱最多的不是技术人员，而是搜索引擎营销人员。在国外 IT 技术人员的数量是搜索引擎营销人员的 9.3 倍，但这个数据正在逐渐下滑。由此可见国外对搜索引擎营销这个行业的重视。

现在，搜索引擎营销这个行业在国外相当热门，大部分技术人员纷纷转行到搜索引擎营销行业里，书店里有专门介绍搜索引擎营销的书籍，在计算机学校里也有搜索引擎营销专业。

- **从中国的人口来看**

众所周知，中国是世界上人口最多的国家，互联网在中国还处于发展初期，有着巨大的发展空间。如果发展普及开来，再加上中国的人口数量，可想而知中国网络的未来。网络最终离不开网站，网站增加竞争就激烈，那时 SEO 才会显示出它独特的用武之地。

- **从赚钱的方式来看**

也许很多人都在为挣钱而犯难，其实挣钱并不难，难就难在你没有正确地思考过挣钱的技巧。总结一下最容易赚钱的两种方式：一是能让别人赚到钱，你才会赚钱；二是能让别人学到知识，他才肯买你的单。SEO 说白了就是让企业多挣钱，节省时间，少走冤枉路，快速成功。这就符合第一种赚钱的方式。而这第二种赚钱方式实际上是不想给别人打工，想自己创业。当对搜索引擎营销的认识成熟了以后，就可以把 SEO 传授给其他人，这样别人花几千元的培训费，等到从事搜索引擎营销这个行业后就可以每月挣到千元到万元的工资。可见，技术才是一生最大的收获，这样一举两得，何乐而不为呢？

2. SEO对各类网站的作用

上面讲到了做 SEO 主要有哪些优势，那么 SEO 都对哪些网站起着重要的作用呢？

- **大型网站**

对于大型网站而言，想盈利，流量是基础，所以流量对于大型网站而言是第一重要的。大型网站想通过搜索引擎获得大的流量，可以花钱买搜索引擎的关键词，但一般大型网站不采用这种方式，因为成本略高，它们都凭自己的技术获得一个好的相应排名。什么技术？那就是 SEO，采用 SEO，不用花钱，每天就可以利用搜索引擎带来巨大的流量。这是因为大型网站包含了丰富的网页内容，整个网站拥有几十万，甚至上千万个网页，在这么多的网页中，每个网页都包含许多关键词，如果把这些网页的 SEO 做得非常好的话，相应的关键词都有很靠前的排名。试想一下，每个网页每天通过搜索引擎为网站带来一个流量，总计起来，这个网站每天的流量就大得惊人。

- **企业网站**

对于企业而言，追求的不是大流量，而是高质量的流量，因为高质量的流量都是企业的潜在客户。当这些潜在客户通过企业的网站了解了企业的产品和信息后，就可能成为企业的直接客户。如何获得高质量的潜在客户呢？SEO 就是企业网站首选的网站推广方法。对企业网站开展网络营销，SEO 和搜索引擎广告的投放都特别重要。所以，企业网站想通过网络以低成本获得客户，必须用好 SEO。

- **个人网站**

个人网站大部分以娱乐类和资源下载类网站为主，个人网站的推广追求的是低成本、好效果。SEO 对个人网站而言，也是重要的网站推广手段之一。

● **电子商务网站**

电子商务网站就像一个商店，商店必须有客户来逛，才可能形成销售。电子商务网站如何吸引大量的客户来浏览呢？需要推广。如何准确地推广？首选 SEO。目前电子商务网站的各种推广策略中 SEO 最受推崇。

1.1.3 SEO 适合哪些人

1. 网站设计人员

网站设计人员掌握网站的代码，有能力和权限修改网站的结构，可以从代码层面开始构建或者优先优化网站。网站设计人员包括网站前台、网站后台、网站美工、网站构架等。

2. 网站管理人员

网站管理人员可以使用 SEO，使网站获得看得见的效果。网站管理人员包括企业站站长、产品站总监、网站运营总监、网站策划总监等。

3. 内容编辑人员

SEO 不单是技术及设计人员的任务，在搜索引擎越来越强调内容后，内容就成为提高搜索引擎权重[3]、改善和促进用户转化率的关键因素。网站的内容编辑人员目前在 SEO 方面的重要作用不可忽视。

网站的内容包括许多方面，比如新闻资讯、产品信息、公司简介、联系方式、促销信息等。网站编辑从内容组织、段落结构、标题设置、关键字分布、内容隐藏链接和相关链接等方面来优化文章，使普通的文字稿变成一篇生动的符合搜索引擎营销优化规则的软文，这一点是至关重要的。网站编辑的岗位包括专职的网站内容编辑、营销部门的方案策划人员、市场销售人员、新闻工作者等。

4. 网络创业人士

想用 SEO 技术作为自己创业出路的人士，包括个人站长、网络商店的店主，都可以加入到 SEO 中来。

---

③ 权重是一个相对的概念，是对被评价对象的不同侧面重要程度的定量分配，对各评价因子在总体评价中的作用进行区别对待。事实上，没有重点的评价就不算是客观的评价。 某一指标的权重是指该指标在整体评价中的相对重要程度。

1.1.4 SEO 人员应该具备哪些素养

搜索引擎给企业带来了莫大的机会，也给从业者带来了发展的契机。这些从业者有的是企业自己的营销人员，有的是一群人组建成的 SEO 公司的职员。和各个行业一样，大多数 SEO 从业者都是从失败开始的，从失败中逐步取得成绩。作为一个优秀的搜索营销人员，尤其是从事 SEO 的技术人员需要具备的素养如下。

1. 良好的职业道德

SEO 是一个有伸缩性的工作，特别是在经历 SEO 的过程中，许多人似乎都感觉有所谓的“怪招”来愚弄搜索引擎，试图操纵影响搜索引擎的搜索结果，或者利用 SEO 的技术制作诽谤性的网页和文章来攻击竞争对手，在点击竞价广告的过程中设法恶意点击对手的广告。殊不知，这样的做法会引发恶意竞争，导致最后没有胜者。

2. 良好的心理素质

这在从事 SEO 的过程中尤其重要。有经验的 SEO 技术人员都知道，SEO 的过程是个慢火炖汤的过程。要见到一定的效果，往往需要数月的时间；而要保持一定的效果，则需要没有结束日期的工作。如果急功近利，必然会想到一些非法的操作行径。且不说这些行径是否真正有效，至少有这类想法的人最好不要从事这个行业。对待一个网站，就像照顾一个孩子一样要看护他的成长。要让孩子一日之间长成一个大人是不现实的。养育的过程中，一定会有许多辛苦和烦恼。没有好的心理承受能力，结果就是放弃。这是个长跑，耐力是必需的。

3. 对传统市场营销有经验

很多人觉得不可理解，为什么搜索营销人员也要有传统营销经验。事实上，搜索营销从来也离不开对实际市场的了解。对市场的了解可以使搜索营销人员具有敏锐的判断力，这个过程是设计网站的人所不具备的。

4. 有切身的网站制作的经验

虽然搜索营销人员的网站制作知识和水平不一定高，但是他们必须对网站的制作程序和技术有基本的了解。这里并不需要他们知道怎么编写程序、怎么运用数据库等，但是要对这些程序、数据的运行有清楚的认知。这种认知将应用在网站SEO的策略制定上，也会使用在和网站编辑的沟通和交流上。在很多情况下，搜索营销人员要给网站编辑上课，让他们也树立起搜索第一的观念，将SEO的概念应用到具体的每页到每页的细致过程之中。

对于专业从事SEO的人士，要想被称为专家，必须有成功的经验和积极的探索精神。在招聘SEO专家的时候，第一，要求应聘者提供不少于3个网站的详细SEO过程介绍；第二，通过对话，了解应聘者解决困难的心理能力；第三，看应聘者过去的工作经验；第四，看应聘者是否有足够的学历。

总之，搜索引擎的发展造就了SEO这一课题、这一独特的技术。这个技术还要继续发展下去，因为有太多的网站需要改良，太多的网站开始意识到SEO是提升自己网站素质的最根本的办法。

1.2 正确理解SEO

1.2.1 SEO不等于作弊

SEO不是作弊，它是由搜索引擎衍生出来的行业。做SEO不需要支付任何费用、不存在高深的知识、不存在垄断性，也不是不道德的行为，一切以实际效果说话。

1. “作弊”一词的来源

Spam最初是一个罐装肉的牌子，它是Specially Processed Assorted Meat（特殊加工过的混合肉）的缩写。这种Spam有段时间非常普遍，到了无处不在、令人讨厌的地步，后来（1970年）Monty Python剧团有个很流行的Sketch Comedy（一种短小的系列喜剧）叫Spam，剧中两位顾客试图点一份没有Spam的早餐，但没有成功。于是，许多年后，Spam被用来指称互联网上到处散布垃圾广告消息的现象。在搜索引擎上的Spam通常也称为作弊。

2. 搜索引擎认为的作弊手段

作弊手段有使用隐藏文本或隐藏链接、采用隐藏真实内容或欺骗性重定向的方式，使用无关用语加载网页，创建包含大量重复内容的多个网页、子域或域，采用专门只针对搜索引擎制作的“桥页（doorway page）”的方式，如联署计划这类原创内容很少或几乎没有原创内容的“形状切割插件（cookie cutter）”的方式。本书的第 7 章将详细介绍相关的具体内容。

3. SEO不是作弊

SEO 的过程中，有一些人运用不当的手法，所以被 K④。很多用户认为那也是 SEO。严格意义上说，SEO 包含了上述这些作弊手段，但是 SEO 却不是作弊。只要遵循搜索引擎的“爬行”规律，认真细致地去迎合搜索引擎的做法，都是 SEO 的手段。不过，随着搜索引擎的不断改进，现在对一些误导搜索引擎的 SEO 行为进行了限制和惩罚，SEO 越来越正规化、合理化。

1.2.2 SEO 内容为王

1. 原创性内容对于访问者的意义

搜索引擎本是为了提供给搜索用户更多更好的信息而设计的，过滤重复性内容也是为了给用户提供更好的搜索体验。我们都有这样的体验，当检索某个关键词时，搜索结果中出现大量不同网站的相同内容，对于这样的结果，用户基本上会更换关键词，以便获得更多更新、更全的内容。可见，原创性的内容是搜索用户使用搜索引擎的基本需求。如果搜索引擎不能保证资讯的丰富性，就会离搜索引擎要提供的服务初衷越来越远。所以，2009 年百度和谷歌纷纷调整搜索引擎搜索算法，原创内容的权重和比例越来越高，搜索引擎对于网页重复内容的过滤更加严格。

2. 搜索引擎如何来判断原创

- 被收录的时间。
- 在其他网站上是否出现过。
- 在其他网站上是否有类似的内容。
- 文章中出现的链接地址。

如果我们在文章中把首发网址添加进去，然后文章被到处转载，搜索引擎就可以判断可能是我们的原创。同时，这也是增加反向链接方法中的技巧之一。

---

④ 被 K 的意思为网站被搜索引擎惩罚，完全不收录网站任何页面。

搜索引擎对重复内容的过滤和原创性内容的识别，主要是通过超链分析和信息指纹技术。很多朋友都试图转载其他网站的内容，然后进行二次编辑，这就是所谓的伪原创，这种方式似乎会有一些效果，但现在看来却未必如此。

搜索引擎技术团队在不断地研究如何更好地过滤重复内容，给用户提供更好的搜索体验。从某种程度上来说，搜索引擎对重复内容过滤的技术已经比较成熟，当然，以后会更好。所以优质的原创性内容对于SEO来说是十分重要的。

1.2.3 SEO与SEM的关系

SEM是Search Engine Marketing的缩写，中文意思是搜索引擎营销。SEM是一种新的网络营销形式，它所做的就是全面而有效地利用搜索引擎进行网络营销和推广。SEM追求最高的性价比，以最小的投入，获得最大的来自搜索引擎的访问量，并产生商业价值。

1. SEO是SEM的一部分

国外有一些相关的书籍和文章把SEM和SEO放在并列的位置看待，认为SEM就是付费排名，SEO就是自然排名。这样的提法也无不可，但我们还是把SEO看作是SEM的一个部分。

2. SEO和SEM的共同目标

SEO和SEM有着共同的目标，就是使网站出现在搜索结果更靠前的位置，从而带来更多的访问量和潜在客户。

SEO工作涉及的领域不仅仅局限于SEM的范畴。SEO方案及其实施，将不可避免地涉及网站策划、网页设计、程序编写，甚至要考虑用户体验、购物流程等。

1.2.4 SEO与付费排名的关系

1. SEO和付费排名不是对立关系

有些SEO服务商提出要SEO不要付费排名的观点，认为网站只要通过SEO，就可以达到从搜索引擎带来访问量和潜在客户的目的，不需要另外花钱购买任何形式的关键词广告了。这种观点很容易让人认为SEO和搜索引擎是对立的，好像SEO抢了搜索引擎的客户。

2. SEO和付费排名的关键词

投放搜索引擎的付费广告有一个前提，就是必须事先规划好关键词，并针对这些关键词投放广告。如果对一个网站的访问情况进行分析，不难看出，有很多来自搜索引擎的访问是在预期之外的。

那么如何有效抓住这些预期之外的关键词，让它们也能为网站带来访问量和潜在客户，并使数量不断增加呢？有效的SEO将能很好地解决这一问题。

SEO不仅能有目的地针对一些关键词进行优化，使其在搜索结果中的排名上升，同时还通过调整网站结构、代码书写规范、文本写作等一系列工作，使得网站在搜索引擎中的表现得到改善。网站绝大多数页面都能被搜索引擎收录，网页中绝大多数文字内容都能被搜索引擎索引到，这就意味着出现在网站的任何文字都有可能成为目标关键词。也许一个非预期的关键词带来的访问量是很小的，可能一天一次甚至一个月一次，但是这样的关键词数量巨大，综合起来的整体流量依然是不容小视的。

按照以上的说法，是不是根本不用考虑付费排名了呢？答案也是否定的。上面提到的仅仅是一种可能性。虽然用户搜索某个关键词，网站可能在搜索结果中出现，但是可能排在数十页之后，那网站被用户点击的可能性也就几乎为零了。如果有一些关键词通过分析和实践，确实能带来有效的访问者和潜在客户，而网站在这个关键词的搜索结果中的排名又不是非常理想，同行的竞争也比较激烈的话，就很有必要购买相关关键词的付费广告了。

网站实施SEO确实会减少某些关键词的广告投放量，但是因为通过SEO，网站本身各方面都有了改善，客户转化率提高了，就可能加大企业在其他关键词上的广告投放量，而且通过SEO工作，能够分析出更多的相关关键词，从而使企业开始更多关键词的广告投放。

综上所述，SEO和付费排名并不是矛和盾的关系。从事SEM，必须把二者有机地结合起来，以期从搜索引擎中带来尽可能多的目标客户，使搜索引擎带来的价值最大化。

第2章 网站设计影响SEO的因素

SEO是对网站结构的一种改革。按照搜索引擎的原则来设计网站是必需的。随着搜索引擎技术的不断成熟，一个网站想获得更好的排名，不是简单加几个关键词就能做到的。网站的整体结构如果不被搜索引擎所认可，就等于我们将搜索引擎带入到由网页和内容所组成的迷宫中，这样会使搜索引擎迷惑，导致网站不被收录，或者没有很好的排名。本章将从网站的域名、网站的空间、网站构架以及网页等一些重要的标签开始，讲解如何更好地去优化这些元素，让网站在搜索结果中排名更靠前。

2.1 如何选择搜索引擎喜欢的域名

细化搜索引擎所有的项目，首先要从域名[①]开始，域名虽小，但是也会造成优化结果的千差万别。域名的后缀、长短以及拼写不同，都会带来不同的结果。

2.1.1 哪些域名后缀权重高

域名权重就是搜索引擎对域名质量的认可程度，它体现在输入的一个关键词在搜索引擎中排名的前后。

域名的后缀有数百种，不同域名的后缀在搜索引擎中的权重是不同的。

一般情况下，edu（教育）、gov（政府）、org（非营利机构）域名在搜索引擎中的权重要比一般的域名高。

① 域名是互联网上企业或机构间相互联络的网络地址，就像我们的门牌号码。域名可分为不同级别，包括顶级域名、二级域名等。

政府和教育网站相比商业网站会有更大的社会意义。对于国家政府网站以及教育类网站，搜索引擎的提供方必然会考虑到这些网站所具有的权威信息，在搜索引擎的技术上本身就给予了这些域名更高的权重；非营利机构网站在它们之后，但是仍然比一般意义上的网站权重高。

com 是国际域名，cn 是国内域名，所以 com 域名会得到更高的权重。

此外，外界因素也影响域名在搜索引擎中权重的表现。比如：cn 域名 1 元注册，致使很多人利用 cn 域名制作大量垃圾网站，搜索引擎对它们采取了降权[②]和放慢收录速度等措施，避免影响搜索结果的质量。

尽管 gov.cn 等域名的权重高，但它不是个人能注册下来的。从 SEO 及商业的角度来看，首选还是以.com 为后缀的域名，此外，还有以下两点必须注意。

- **老域名的权重高于新域名的权重**

对于网站来说，收购老域名会让新网站快速发展。不过收购这些老域名的前提是，之前这些域名绑定的网站没有作弊（我们会在 2.1.4 节“域名存在的时间对 SEO 有什么影响”部分作详细的说明）。

- **注册了国外的域名**

如果注册了国外的域名，那么对使用地点也有了限制。比如，注册了德国的域名，使用中文建站，那么在中国搜索相关的网站时，这个德国“籍贯”的网站就会比在国内的网站权重要低。相反，如果，在德国使用搜索引擎输入中文关键词，这个网站的权重就会高于国内的网站。在域名后缀的选取上，这点也是需要强调并注意的。

2.1.2 域名长短是否影响 SEO

大部分短域名，包括中国人比较喜欢的数字域名已经被注册殆尽，现在所谓的好的域名，也只能是从比较有创意的角度上来定义。

域名越短越容易记忆，那么域名的长短对 SEO 是否有影响？答案当然是否定的。

域名的长短，这本身不碍于搜索引擎的索引结果，但对于浏览者识别来说，越短的域名越容易被记忆。在 SEO 工作中，有一个衡量的标准就是

② 所谓降权，是指搜索引擎对网站进行的一种处罚方式，表现为网站页面收录减少，排名下降。

用户的回访度，俗称黏性。如果一个域名越容易被识别与记忆，那么对于用户的黏性来说有一定的辅助效应，网站的用户回访度越高，说明网站质量③越高。

在互联网上，很多人都访问过两个有趣的网站，如图 2-1 所示。

图 2-1　有趣的长域名

www.mamashuojiusuannizhucedeyumingzaichanggoogledounengsousuochulai.cn，意思是：妈妈说就算你注册的域名再长谷歌都能搜索出来。另一个是 www.mamashuojiusuannizhucedeyumingzaichangbaidudounengsousuochulai.cn，意思是：妈妈说就算你注册的域名再长百度都能搜索出来，输入这个域名后大家会发现，已经指向了百度首页。

以上两个网站的域名长达 60 多位，在搜索引擎中照样有非常不错的排名，从这里可以反应出域名长短并不能影响网站在搜索引擎中的排名。

再从 SEO 整体角度来看，短域名更适合用户记忆，增加回访度，所以短域名还是首选。

不过，还要说一个例外，国外的一个域名，我们简称它为 60×1，因为它的域名是用 60 个 1 组成的。这个域名其实也是比较容易被大家记住的。

除去好记的域名外，还有 3 种方法也可以使网站更具有黏性。

1. 收藏夹

人们会把内容不错的网站放入收藏夹，这样就无需再输入域名了。

③ 网站质量指网站的质量高低，包括美观、导航、访问速度、功能、人性化、交互性、用户体验等因素。

2. Web 2.0工具

如 del.icio.us 的 Web 2.0[4]网络书签比比皆是，只要建好分类，很容易找到你所需要的网站。

3. 搜索引擎

第 1 章我们说到“搜索引擎内容为王”的问题，搜索引擎会把流量送给拥有不错内容的网站。

2.1.3 中文域名是否影响 SEO

中文域名是含有中文的新一代域名，同英文域名一样，是互联网上的门牌号码。中文域名在技术上符合 2003 年 3 月份 IETF 发布的多语种域名国际标准（RFC 3454、RFC 3490、RFC 3491、RFC 3492）。中文域名属于互联网上的基础服务，注册后可以对外提供 WWW、E-mail、FTP 等应用服务。

随着中文域名的普及和流行，目前谷歌、雅虎、百度等搜索引擎已经支持收录中文域名的网站。SEO 的朋友，都会将域名作为优化的一个重要条件。不管是谷歌还是百度或者其他搜索引擎，在除域名外其他条件都相同时，那些与关键词相同或者相近的域名会比不相干的域名排名要靠前，支持中文域名的搜索引擎中文域名要比英文域名排名靠前。

中文域名在搜索引擎排名上有优势，不过目前有些浏览器并不支持中文域名，而且其输入不方便，也就影响了用户的体验。从综合角度看，架设网站要适合 SEO，英文域名还是首选。

2.1.4 域名存在的时间对 SEO 有什么影响

域名在搜索引擎中存在时间的长短对 SEO 是有影响的，如同先入行者与后入行者相比会有更多的经验积累。

搜索引擎认为，网站存在时间的长短是评价网站质量的一个因素。部

④ Web 2.0 是相对 Web 1.0 的新一类互联网应用的统称。Web 1.0 到 Web 2.0 的转变，具体地说，从模式上是单纯的“读”向“写”“共同建设”发展，由被动地接收互联网信息向主动创造互联网信息迈进。Web 2.0 是以 Blog（博客）、TAG（标签）、SNS（社区）、RSS（订阅）、wiki（超文本）等社会软件的应用为核心的采用新理论和技术实现的互联网新一代模式。

分网站运行了几个月没能坚持下去，域名也就随之放弃了。也有一些网站，通过自身不断地发展与完善，能给用户带来更好的体验，从而运行的时间就长。搜索引擎会给予在搜索引擎中存在时间更长的网站以较高的权重。

随着收录时间的增长，即使没有外部链接，PageRank[⑤]值也会慢慢提高。百度对于新收录的域名，给予测试的眼光看待，即新收录域名不给予权重。搜索这类网站名称或者相关关键词在前几十页找不到，待几周后，才慢慢给新网站提高权重，也是时间越长，页面关键词的排名越靠前。

注册域名后，即使网站没有制作完成，也要先放一个简单页面上去，通过外链等手段让搜索引擎收录，待网站制作完成后，再上传上去，这样就相当于是将一个搜索引擎收录的网站进行改版。许多了解 SEO 的站长，为了让网站更快地获得较高权重及排名，专门去一些网站或者域名交易网站进行收购，收购要求则是百度、谷歌等搜索引擎收录正常，只这一点就可以为优化排名节省几个月时间。

但是年龄是有前提的，这个域名一直在做某些内容，比如一个域名有 3 年都在做小说，后来被你注册到，你用它做小说网站，优势是明显的。如果你注册了一个域名，也注册了 5 年，但 5 年中域名没有被很多地应用，只是注册之后放着，这个域名对 SEO 来说价值不大。

2.1.5 如何选择一个合适的域名

1. 域名应该简明易记，便于输入

在前面提到过关于用户黏性的问题，一个好的域名应该具备如下特点：短、顺口、便于记忆，最好让人看一眼就能记住，读起来发音清晰，不会

---

⑤ PageRank 是网页级别的意思，名称源自谷歌的创始人 LarryPage。它是谷歌排名运算法则（排名公式）的一部分，是谷歌用来标识网页等级/重要性的一种方法，是谷歌用来衡量一个网站的好坏的唯一标准。在揉合了诸如 Title 标识和 Keywords 标识等所有因素之后，谷歌通过 PageRank 来调整结果，使那些更具等级/重要性网页的网站在搜索结果中的排名提前，从而提高搜索结果的相关性和质量。级别从 1 到 10 级，10 级为满分。PageRank 值越高说明该网页越受欢迎（越重要）。例如：PageRank 值为 1 表明这个网站不太具有流行度，而 PageRank 值为 7 ~ 10 则表明这个网站非常受欢迎（或者说极其重要）。一般 PageRank 值达到 4，就算是一个不错的网站了。谷歌把自己网站的 PageRank 值定到 10，这说明谷歌这个网站是非常受欢迎的，也可以说这个网站非常重要。

导致拼写错误。此外，域名选取还要避免同音异义词。

2. 域名要有一定的内涵和意义

用有一定意义和内涵的词或词组作为域名，不但方便记忆，而且有助于实现企业的品牌建立。如果和企业品牌相关的名称被抢注了的话，那么域名一定要选择符合网站的总体运营思路的，必须同网站的需求一致。

2.1.6 为域名取名的技巧

在我国，对域名的管理仿照《商标法》执行，受国家法律保护，以其他公司域名或产品商标名来命名自己的域名属违法行为。在不违背以上原则的前提下，谁先注册域名就属于谁。综合考虑以上因素，在为域名取名时应该注意以下几点。

1. 用企业名称的汉语拼音作为域名

这是为企业选取域名的一种较好的方式，实际上大部分国内企业都是这样选取域名的。例如，我买网的域名为 womai.com，新飞电器的域名为 xinfei.com，海尔集团的域名为 haier.cn，四川长虹集团的域名为 changhong.com，华为技术有限公司的域名为 huawei.com。这样的域名有助于提高企业在线品牌的知名度，即使企业不做任何宣传，其在线站点的域名也很容易被人想到。

2. 用企业名称相应的英文名作为域名

这也是国内许多企业选取域名的一种方式，这样的域名特别适合与计算机、网络和通信相关的一些行业。例如，长城计算机公司的域名为 greatwall.com.cn，中国电信的域名为 chinatelecom.com.cn，中国移动的域名为 chinamobile.com。

3. 用企业名称的缩写作为域名

有些企业的名称比较长，如果用汉语拼音或者用相应的英文名作为域名就显得过于烦琐，不便于记忆。因此，用企业名称的缩写作为域名不失为一种好方法。缩写包括两种方法：一种是汉语拼音缩写，另一种是英文缩写。例如，广东步步高电子工业有限公司的域名为 gdbbk.com，泸州老窖集团的域名为 lzlj.com.cn，石家庄市环保局的域名为 sjzhb.gov.cn，计算机世界的域名为 ccw.com.cn。

4. 用汉语拼音的谐音形式给企业注册域名

在现实中，采用这种方法的企业也不在少数。例如，美的集团的域名为 midea.com.cn，康佳集团的域名为 konka.com.cn，格力集团的域名为 gree.com，新浪用 sina.com.cn 作为它的域名。

5. 以中英文结合的形式给企业注册域名

荣事达集团的域名是 rongshidagroup.com（其中“荣事达”用汉语拼音，“集团”用英文名），中国人网的域名为 chinaren.com。

6. 在企业名称前后加上前缀或后缀

常用的前缀有 520、e、i、net 等，后缀有 123、net、web 等。例如，中国站长网的域名为 chinaz.com，中国宠物在线的域名为 chongwu123.com，站长网域名为 admin5.com，我爱音乐网的域名为 520music.com。

7. 用与企业名不同但有相关性的词或词组作为域名

一般情况下，企业选取这种域名的原因有多种：一种是因为企业的品牌域名已经被别人抢注，另一种是觉得新的域名可能更有利于开展网上业务。例如，The Oppedahl & Larson Law Firm 是一家法律服务公司，而它选择 patents.com 作为域名。很明显，用 patents.com 作为域名要比用公司名称更合适。另外一个很好的例子是 Best Diamond Value 公司，这是一家在线销售宝石的零售商，它选择了 jeweler.com 作为域名，这样做的好处显而易见：即使公司不做任何宣传，许多顾客也会访问其网站。

8. 不要注册其他公司拥有的独特商标名和国际知名企业的商标名

如果选取其他公司独特的商标名作为自己的域名，很可能会惹上一身官司，特别是当注册的域名是一家国际或国内著名企业的驰名商标时。换言之，当企业挑选域名时，需要留心所挑选的域名是不是其他企业的注册商标名。

9. 检查域名是否被使用

在注册域名时，尽量要检查此域名是否曾经使用过。部分使用过的域名因为使用不当被搜索引擎封杀，导致不能收录，以致放弃，注册到这样的域名只会影响网站的发展。通常使用过的域名会在网络中留下一些痕迹，这时可以搜索域名的名称检查是否有相关结果。

10. 选择权威的域名代理商注册域名

在注册域名时，不要贪图便宜，去很小的域名代理商那里注册。有的人曾经反映，自己第一年注册时只要30元每年的注册费，在续费时，却开出了上百元的价格，这无疑是先用诱饵诱惑你，再进行谋利。还有的注册商因为机构小，技术能力不强，导致域名经常出问题。所以选择一家权威的域名代理商是必需的，推荐国内的如新网、万网等运营商。

2.2 如何选择搜索引擎喜欢的空间

域名与主机是网站建构的基础，商业网站选择主机尤其注重其质量，好的主机可以为网络营销的开展打下坚实的基础。选择好的域名是SEO的第一步，选择主机是SEO的第二步。

早期的一些SEO人利用初期搜索引擎竞争，获得不少的好处，从而使得越来越多的人纷纷加入到竞争中。在利欲的驱使下，很多人使用搜索引擎所痛恶的各种手段，造成很多网站和虚拟主机空间受到连累，被搜索引擎处罚甚至列入永久黑名单。

有的人在不知情的情况下租用了被处罚过或永久黑名单里的虚拟主机空间，使得自己正规的网站受到连累，久久无法让搜索引擎收录而获得好的排名，一直努力的付出却得不到应有的回报，所以对于空间也要慎重地选择。

2.2.1 如何选择空间合适的位置

空间位置对于搜索引擎排名的影响主要体现在中英文网站。同样的英文网站，放在国外要比放在国内排名靠前得多。

以谷歌搜索引擎作为例子来说，将英文网站放在中国国内，做一个关键词的排名用了 12 个月；而放到国外，提升一个关键词的排名只用了 4 个多月。很明显，中国使用的语言是中文，国外通用的是英语，将英文网站空间选在国内，首先失去了语言方面的优势，在一定程度上影响了排名（这点和在介绍域名的后缀中强调的第二点保持一致）。

那么如何知道网站的空间位置呢？通过 IP 查询网站可以查询到空间所在的位置。打开 www.ip138.com，在 IP 查询输入框内输入想要查询的网址或者IP，就可以得到该网站所在的位置，如图2-2所示。

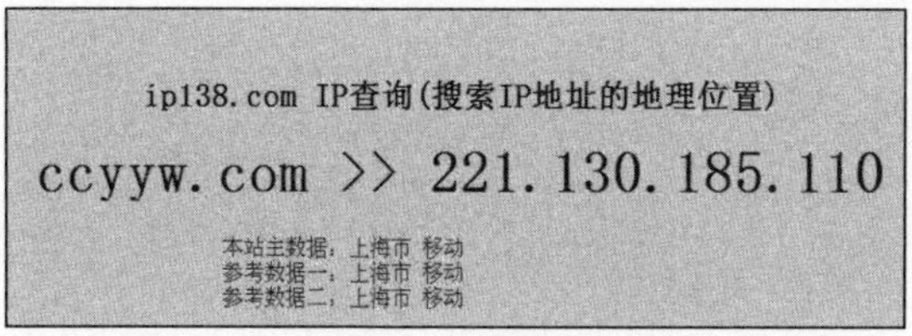

ip138.com IP查询(搜索IP地址的地理位置)

ccyyw.com >> 221.130.185.110

本站主数据：上海市 移动
参考数据一：上海市 移动
参考数据二：上海市 移动

图2-2 IP查询

2.2.2 空间的速度对SEO的影响

网站空间的速度快慢对于用户来说非常重要，一个网页6秒之内打不开，则被用户直接关掉的概率非常大。网站打开的速度，不仅影响用户的体验，还影响SEO的排名。搜索引擎在蜘蛛（spider，有的叫搜索机器人）抓取网页内容的同时，会判断网站的打开速度，作为进行网站排名的一个依据。可以把spider拟人化，比如它来你家里走访，要走很长很长的路，走到你家后会很累很累，如果是这样，下次它就再也不敢来了。

网上测试空间速度的工具有很多，“百度一下”就能找到。

此外，网站空间的速度可以用Ping命令查询：点击系统“开始”菜单中的“运行”命令，在弹出的对话框中输入cmd，打开命令窗口，在命令提示符下输入Ping网站域名或者网站的IP地址查看返回的数据，如图2-3所示。

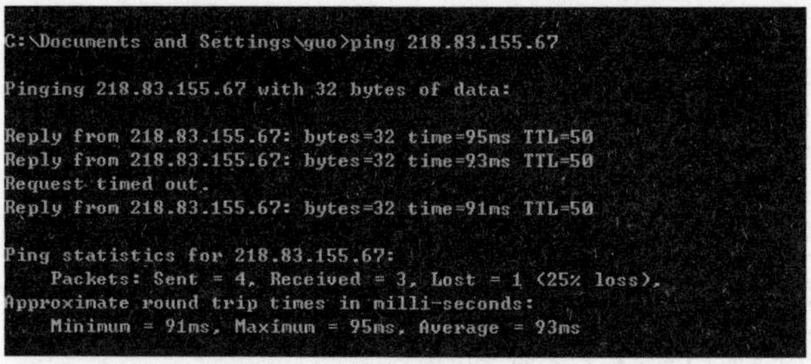

```
C:\Documents and Settings\guo>ping 218.83.155.67

Pinging 218.83.155.67 with 32 bytes of data:

Reply from 218.83.155.67: bytes=32 time=95ms TTL=50
Reply from 218.83.155.67: bytes=32 time=93ms TTL=50
Request timed out.
Reply from 218.83.155.67: bytes=32 time=91ms TTL=50

Ping statistics for 218.83.155.67:
    Packets: Sent = 4, Received = 3, Lost = 1 (25% loss),
Approximate round trip times in milli-seconds:
    Minimum = 91ms, Maximum = 95ms, Average = 93ms
```

图2-3 Ping命令返回的数据

图中每段代码的含义如下。

Ping命令用32B（这是Windows默认发送的数据包大小，如果要改变，则应该在后面加上“-L数据包大小”，如“Ping 218.83.155.67 -L800”表示要测试的数据包大小为 800B）的数据包来测试能否连接到 IP 地址为“218.83.155.67”的主机。

下面的 4 行“Reply from”表示本地主机已收到从被测试的机器上返回的信息——返回 32B 用了 95ms、93ms 或 91ms（返回的值越小越好），TTL 为 50。

再下面的“Ping statistics”则表示发送了（Sent）4 个数据包（这是系统的默认值，如果要指定发送数据包的次数，则在后面加上“-n 次数”，如“Ping 218.83.155.67 -n 20”表示发送 20 次；如果希望一直 Ping 下去，则要在后面加上参数“-t”，此时要中断则需要按“Ctrl+C”组合键），收到了（Receieved）4 个，共丢失了（Lost）1 个（说明请求超时，可能是网络拥塞造成的），发送时间最小为 91ms，最大 95ms，平均时间为 93ms。

另一种方法，就是到专门测试网站反应速度的网站进行测试，这样可以得到空间的反应速度，例如，http://www.linkwan.com/gb/broadmeter/speed/responsespeedtest.asp。

在如图 2-4 所示的文本框中输入域名，点击“测试”按钮，所得出的网站速度测试结果见图 2-4 下方。

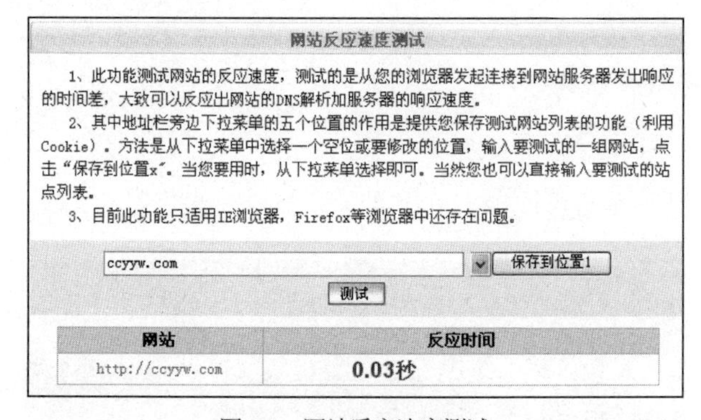

图 2-4　网站反应速度测试

2.2.3　如何保障空间更稳定

空间的稳定性对搜索引擎有着特殊的影响，如果一个网站因为各种问题导致不能访问，是非常影响用户体验的。如果空间存在的问题、漏洞等被黑客利用，使得服务器遭到攻击，就会造成数据修改、传输瘫痪或者整站被删等后果。

在选择空间时，不应该贪图便宜，或者听凭销售人员忽悠。现在众多销售商都有试用空间的活动，如果不确定空间是否稳定，可以试用几天后再决定是否选用。

此外，也有一些工具可以满足用户空间稳定的测试需求，例如：网站管家（www.91index.com）等网站提供网站监测功能，如果网站出现问题导致打不开，监测工具就会发出邮件或者短信报警，提示网站在何时出现问题，需要得到及时解决。

网站管家网站监测系统的说明如图 2-5 所示。

图 2-5　网站管家网站监测系统说明

2.2.4　选择空间还是选择服务器

从广义上讲，服务器是指网络中能对其他机器提供某些服务的计算机系统。如果一台 PC（个人计算机）对外提供 FTP 服务，也可以叫服务器。

从狭义上讲，服务器专指某些高性能计算机，能通过网络对外提供服务。相对于普通 PC 来说，它在稳定性、安全性、性能等方面要求都更高，因此在 CPU、芯片组、内存、磁盘系统、网络等硬件方面和普通 PC 有所不同。

所谓虚拟主机，就是把一台运行在互联网上的服务器划分成多个“虚拟”的服务器，每一个虚拟主机都具有独立的域名和完整的 Internet 服务器（支持 WWW、FTP、E-mail 等）功能。一台服务器上的不同虚拟主机是各自独立的，并由用户自行管理。

虚拟主机与服务器的性能参数对比如表 2-1 所示。

表 2-1　　虚拟主机与服务器的性能参数对比

功　能	虚 拟 主 机	服 务 器
操作系统	支持 Windows 和 Linux	由用户自行安装任何操作系统
性能	运行不稳定，安全性差，速度较慢	运行稳定，安全高效
成本	低	较高
用户隔离	用户通过访问权限进行隔离，效果较差，容易受其他用户影响	用户拥有服务器上的所有资源。完全自主分配
安全性	当其他用户受攻击或服务器被攻击时会受影响	安全性高，由用户自己完成安全设置
硬件资源	和其他用户共享，无资源保障	用户完全独享
网络资源	和其他用户共享，无资源保障	用户完全独享
客户自主管理	仅有最基本的读/写权限	具有独立管理服务器硬件和软件的权限
管理工具	部分提供简单的控制面板工具	由客户自己设置相应的管理软件
软件安装自由	无	自由地安装应用软件
数据库	数据库种类、大小均受限	可以使用自己喜欢的数据库
E-mail 设置	邮件服务大小、账户数均受到限制	可以使用自己喜欢的邮件服务，不限大小、账户数
扩展性	较差	最高
优势	价格便宜；在线管理，操作方便；可针对入门级的电子商务应用	可完全自主管理控制服务器硬件，适合大型企业电子商务应用
劣势	功能限制较多，可管理性不高，性能一般	价格高，自主管理成本较高

从搜索引擎的角度上讲，选用服务器要比选择虚拟主机占优势。通常情况下，成百上千个虚拟主机共用一个 IP 地址，假设有一个或多个作弊网站在当前 IP 下，其他网站则会被牵连受到惩罚（即一个网站受到惩罚，其他网站也会受到拖累）。服务器则不同，它单独使用一个 IP 地址，不会出现被连带惩罚的后果。

此外，在网站报备严格检查的同时，如果服务器上有一个网站没有报备，则会勒令服务器暂停服务，因此不要被一些花言巧语所迷惑，注重服务器的品质和服务才是主要的。其实，买空间永远做不了一个像样的网站，像域名备案、程序被盗、空间商跑路等一大堆的问题都可能出现。

1. 如何选择空间和服务器

□ 先看几家公司的产品配置和价格。正规公司的价格都是差不多的，尽量选一些价格适中的。

□ 再在网上搜索这几家公司的名称。经营时间比较长的公司由于销售人员经常到处发帖宣传，会被搜索引擎收录与公司相关的关键词。公司在搜索结果中出现次数较多的，说明他做网络的时间比较长，这也是考查公司运营时间的一个办法。一般经营时间比较长的公司为了长久发展，都会比较重视服务和产品质量。

□ 查看公司的营业执照和《增值电信业务经营许可证》（ICP 证）。从销售的角度讲，ICP 证和企业的年限资质都会成为展示公司实力和从业资格的有力证据。正规的公司肯定不会忽视在这方面的宣传，而不具备这样资质的作坊型公司是无论如何也拿不出这样的证明的。

2. 如何保障主机转移不影响SEO

如果想转移网站的主机服务，要按照以下的流程来操作，才能保证优化效果。

□ 在取消原来的服务提供商前，先找好新的供应商，开通新账号，确保所有的文件都正确无误地传到新服务器上。

□ 测试运营情况。

□ 联系域名注册商，变更域名服务器（DNS）。域名服务器的功能就是把你的域名解析成计算机能够识别的 IP 地址。把旧的域名服务器改成新的，这个过程到生效的时间大概 24～48 小时，少数情况下可能要 72 小时。

□ 终止以前的服务。确保自己的网站已经正确转移之后再通知终止以前的服务，这样就不会出现网站打不开的空当。

2.2.5 支持在线人数为多少

以普通单线（路）服务器为例，CPU 处理多个进程，并非是在同一时刻进行的（可以精确到1/1 000秒），而是串行处理的。CPU通常把1秒的时间分割成N份，然后按照顺序，分别用1秒钟的第1份处理第1个进程，用第2份处理第2个进程……用第N份处理第N个进程，也就是说CPU的处理能力，不是在于这1秒钟内提交了多少申请，而是在于系统把CPU处理工作的时间分了多少份。

例如，通常系统默认可以支持256个进程，而CPU将1秒分成100份的话，那么剩余的156个进程就要在下一秒钟执行了。网卡得到请求信息后，将请求信息送入内存进行排队，所以通常内存大的话，会感觉支持在线人数多一些，而实质上是与CPU划分时间片有关的，性能越高的CPU划分的时间片就可能越多，即处理速度就快。

当然在此所说的一个进程并非只是一个请求，一个进程通常可以包含100个相同请求，这样计算的话，CPU在1秒钟内可处理请求数为100 × 100=10 000，然而我们知道，大部分用户不可能在1分钟内只提交一次请求，即只点击一个链接。

此外，带宽的大小是支持同时在线人数最关键的因素之一，服务器按照保证的最大带宽是5M（即5Mbit/s），相应的，服务器的数据最高传输速度应为5Mbit/s × 1 024/8=640KB。1分钟流量大约640 × 60=38 400KB。假设每个用户1分钟内始终占用10KB的流量，即该1分钟内支持占用这样的流量的同时在线访问人数为3 840人。（图片类和视频类站点不在此例，因为此类站点每个用户1分钟内占用的流量大多数超过10KB。）但是，并不能保证每个用户在1分钟内只有一个到该站的链接，假如每个用户在1分钟内有两个到该站的链接（每个链接始终占用10KB的流量），那么支持在线人数应该在2 000以下。

综上所述，一台中低端服务器通常支持在线人数最高为2 000人左右，而且只适合普通Web服务器和文字型论坛，不包括图片类、下载类、视频类等。其实一台服务器如果在线人数能够达到这么多，那运营者也肯定是赚了不少钱，也就需要增加机器和带宽了。

租用的虚拟主机空间通常都受在线人数控制，有的可能支持50人同时在线，有的可能支持100人同时在线。如果超过了，网站则打不开，如图2-6所示，会出现因为目前访问网站的用户过多的错误提示信息。

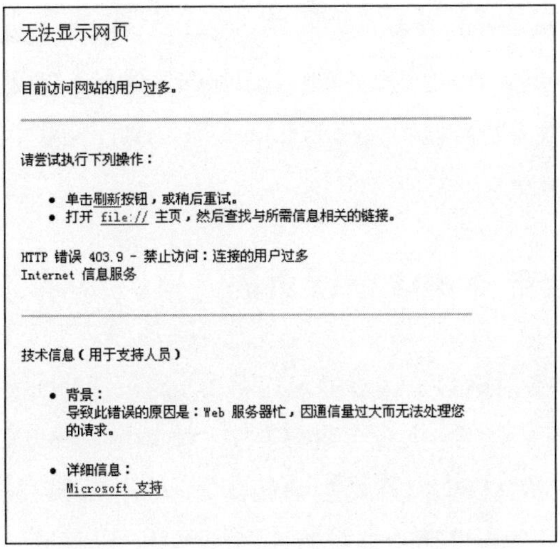

无法显示网页

目前访问网站的用户过多。

请尝试执行下列操作：

- 单击刷新按钮，或稍后重试。
- 打开 file:// 主页，然后查找与所需信息相关的链接。

HTTP 错误 403.9 - 禁止访问：连接的用户过多
Internet 信息服务

技术信息（用于支持人员）

- 背景：
  导致此错误的原因是：Web 服务器忙，因通信量过大而无法处理您的请求。
- 详细信息：
  Microsoft 支持

图 2-6 访问网站的用户过多而无法显示网页

在线人数可以称为 IIS 连接数或者并发连接数。当一个网页被浏览时，服务器就会和浏览者的浏览器建立链接，每个链接表示一个并发。当页面包含很多图片时，图片并不是一个一个显示的，服务器会产生出多个链接同时发送文字和图片以提高浏览速度。页面中的图片越多，服务器的并发链接数量就越多。当图片或页面被服务器发送后服务器就关闭此链接，和其他请求者建立链接。每次并发几乎是瞬间完成的，一般在几毫秒至几十毫秒。通常分以下几种情况（以 100MB 空间 50 人在线为例）。

□ 用户单点下载文件，结束后正常断开，这些链接是按照瞬间计算的，也就是说 50 人的网站同时可以接受 50 个点下载。

□ 用户打开页面，就算停留在页面没有对服务器发出任何请求，那么在用户打开一个页面的 20 分钟内也都要算一个在线，就是说 50 人的网站 20 分钟内可以接受不同用户打开 50 个页面。

□ 上一种情况下用户继续打开同一个网站的其他页面，那么在线人数按照用户最后一次点击（发出请求）以后的 20 分钟计算，在这 20 分钟内不管用户怎么点击（包括新窗口打开）都还是一人在线。

□ 当页面内存在框架（iframe）时，那么每多一个框架就要多一倍的在线数量，因为这相当于用户同一时间向服务器请求了多个页面。

□ 当用户打开页面然后正常关闭浏览器时，用户的在线人数也会马上清除。

在选用空间时，一定要先判断自己网站的访问人数是否较多，空间在线人数是否够用。如果超出支持的在线人数范围，搜索引擎会对经常出现错误的网站予以降权或者除名处理。

2.2.6 是否支持 404 错误页面

HTTP 404 错误指的是链接指向的网页不存在，即原始网页的 URL 失效。这种情况很难避免，而且很容易发生。比如说，网页 URL 生成规则改变、网页文件更名或移动位置、导入链接拼写错误等，都会导致原来的 URL 地址无法访问。当 Web 服务器接到类似请求时，会返回一个 404 状态码，告诉浏览器要请求的资源并不存在。但是，Web 服务器默认的 404 错误页面，无论 Apache 还是 IIS，均十分简陋、呆板，且对用户不友好，无法给用户提供必要的信息以获取更多线索，这无疑会造成用户的流失。

因此，很多网站均使用自定义 404 错误的方式，以提供用户体验避免用户流失。一般而言，自定义 404 页面通用的做法是在页面中放置网站快速导航链接、搜索框以及网站提供的特色服务，这样可以有效地帮助用户访问站点并获取需要的信息。

自定义 404 错误页面是提供用户体验很好的做法，但在应用过程中往往并未注意到对搜索引擎的影响，譬如：错误的服务器端配置导致返回“200”状态码或自定义 404 错误页面使用 Meta Refresh 导致返回“302”状态码。正确设置的自定义 404 错误页面，不仅应当能够正确地显示，同时，应该返回“404”错误代码，而不是“200”或“302”。虽然对访问的用户而言，HTTP 状态码究竟是“404”还是“200”并没有什么区别，但对搜索引擎而言，这是相当重要的。

当搜索引擎 spider 在请求某个 URL 得到“404”状态回应时，即知道该 URL 已经失效，便不再索引该网页，并向数据中心反馈将该 URL 表示的网页从索引数据库中删除。当然，删除过程有可能需要很长时间。而当搜索引擎得到“200”状态回应时，则会认为该 URL 是有效的，便会去索引，并会将其收录到索引数据库。这样的结果便是这两个不同的 URL 具有完全相同的内容，即自定义404错误页面的内容，这会导致复制网页问题出现。这类问题对搜索引擎而言，特别是对于谷歌，网站不但很难获得信任指数TrustRank，也会大大降低谷歌对网站质量的评定。

常常看到许多网站的自定义404错误页面采取类似这样的形式：首先显示一段错误信息，然后通过Meta Refresh将页面跳转到网站首页、网页地图或其他类似页。根据具体实现方式不同，这类404页面可能返回“200”状态码，也可能返回“302”状态码，但不论哪种，从SEO技术角度来看，均不是一种合适的选择。

当404页面返回“302”状态码时，搜索引擎认为该网页是存在的，只不过临时改变了地址，仍然会索引收录该页，这样同样会出现类似于“200”状态码时的重复文本问题；其次，以谷歌为代表的主流搜索引擎对“302”重定向的适用范围要求越来越严格，这类不当使用“302”重定向的情况存在很大的风险。

在自定义404错误页面设置完毕后，一定要检查一下是不是能够正确地返回“404”状态码。可以使用Server Header检查工具，输入一个不存在网页的URL，查看一下HTTP Header的返回情况，确信其返回的是“404 Not found”。

首先应明确的是404错误应在服务器级而不是网页级。在定制使用动态页面如PHP脚本类型的404页时，必须确保在PHP执行前服务器已经顺利地送出“404”状态码，不然，一旦执行到ISAPI级别，返回的状态码便只能是“200”或其他如“302”之类的重定向状态码。

其次，在自定义网站的404错误页面时，对设置的错误页面URL链接应使用相对路径而不是绝对路径，而且自定义404页面应该放在网站根目录下。尽管无效链接可能是多种形式的URL，但当发生404访问错误时，Web服务器会自动将其转到自定义的404错误页面中，这跟URL的形式没有关系。

在使用404错误页面时还要注意，不要将404错误转向到网站主页，否则可能会导致主页在搜索引擎中消失；不要使用绝对URL，如果使用绝对URL，返回的状态码是“302”+“200”。

404页面设置方法如下。

首先设计一张网页，建议和主页的格式保持一致。将这一页命名为404.html。

然后上传到网站根目录，如 www.ccyyw.com/404.html。

修改.htaccess 文档，写入：

ErrorDocument 404

http://www.ccyyw.com/404.html

上传这个文档到根目录。

如果没有这个.htaccess，可以用 textpad 来写成.htaccess.txt 文档，上传，然后在服务器的文件存放处将.txt 这个后缀删掉即可。

2.3 如何制定搜索引擎喜欢的网站架构

2.3.1 W3C 标准对 SEO 的影响

1. 符合W3C的表现

打开网站，通过浏览器查看源文件，可以看到每个网站都有如图 2-7 所示的标记。

```
<!DOCTYPE html PUBLIC "-//W3C//DTD XHTML 1.0 Transitional//EN"
"http://www.w3.org/TR/xhtml1/DTD/xhtml1-transitional.dtd">
<html xmlns="http://www.w3.org/1999/xhtml">
```

图 2-7　源文件内容

这是网站的建设者用来告诉访问者、浏览器、验证机制和搜索引擎的 spider 这个网站是遵循 W3C 标准的。验证的方法是链接到 http://validator.w3.org/ 网站，输入要验证的网址，一些不匹配的错误将得到反馈。

2. W3C标准

作为网站技术开发人员，往往是站在自己的开发角度来实施网站部署的（读取数据及开发的方便性等），而不是站在网站访问者与搜索引擎角度。因此大部分的网站在浏览方面不够直观或方便，特别是现在的 W3C 规范，在大部分的网站开发人员大脑里更是一片空白。何况百度、谷歌、MSN、雅虎等专业搜索引擎更有自己的搜索规则及判断网页等级的技术，所以网站要优化。优化的目的就是符合 W3C 标准，符合 spider 爬行的标准，更重要的是为网站访问者的浏览提供方便及易用性。

在国内上网者中，用IE浏览器的比较多，但从全世界的上网用户来看，有些用户并不是用IE来上网浏览内容的，这些用户会用一些其他的浏览工具，如Netscape、Mozilla、FireFox、Opera等。如果网站采用的不是W3C标准，那么使用其他浏览器的用户，就无法看到这些网站。此标准是国际上的通用标准，符合此标准的网站能用任何浏览器来浏览。

从HTML诞生至今，在协议不断发展的过程中，各大浏览器厂商为了“鼓励”人们制作网页，从而“纵容”了人们各种各样的不良习惯。同时，浏览器产商为了占据“标准制定”的制高点，也不遗余力地发展出各种特性加入到HTML和相关的技术里。于是，有了现在乱糟糟的局面：各种各样语法错误的HTML都能够得到各种浏览器很好的“支持”。而这样的局面如果任其发展下去，网民使用的万维网（WWW）今后就会出现很多问题。

万维网联盟（W3C）—— 一个负责制定并维护着WWW诸多标准和协议的组织（可以通过http://www.W3C.org或者http://www.w3.org来访问它），在1999年12月24日之前发布的HTML 4.0版本的基础上修正并发布了HTML 4.01，且将之作为建议标准。2000年1月26日，在HTML 4.01的基础上发布了XML版本XHTML 1.0，并将之作为建议标准（之后发布的XHTML 1.1作为候选建议标准）。

虽然许多网站没有遵循W3C标准也获得了很好的排名，但是经过验证后，能保证遵循W3C标准的网站的样式不会被不同的浏览器改变，使得网站的访问者看到的网页与设计出来的完全一致。

2.3.2 DIV+CSS对SEO的影响

DIV（标鉴）+ CSS（层叠样式表）是网站标准（或称“Web标准”）中的常用术语之一，通常为了说明与HTML网页设计语言中的表格（Table）定位方式的区别。因为XHTML网站设计标准中，不再使用表格定位技术，而是采用DIV + CSS的方式实现各种定位。

使用DIV + CSS设计网站的时候，不得不强调一个利用SEO思想来建设网站的问题。搜索引擎对网站的排名顺序不是固定的。SEO的思想就是用搜索引擎的理念来搭建网站，而不是单一的在网站建设好后，通过一些技巧和手段来使得网站被搜索引擎所喜欢进而达到好的排名效果。不管是思想指导实践，还是实践填充了思想，都是一个好的开始，由学习国外的SEO，转变为自己的研究、总结和提升。

CSS是Cascading Style Sheets（层叠样式表单）的缩写，它是一种用来表现HTML或XML等文件样式的计算机语言。

搜索引擎是从上到下、从左到右访问网站信息的，而且，搜索引擎访问的是代码，和网页做得如何漂亮无关，所以，在建立网站的时候，关键内容在网页中的位置非常重要。我们在研究那些比较大的网站时会发现，整个网页代码被很多注释所包围。这些注释有两个好处：一是便于技术人员对代码的调整；二是便于SEO人了解关键内容的位置，便于调整。

使用DIV + CSS设计网站对SEO的影响是显而易见的，由于结构简单，且符合标准，利用DIV + CSS构建的网站深受搜索引擎的喜欢，不过并不是所有的DIV + CSS对网站的排名都有好处，正确的网页布局，对于SEO也是非常有利的。

1. 代码精简

代码精简带来的好处有两点：一是提高spider爬行效率，能在最短的时间内爬行完整个页面，这样对收录质量有一定的好处；二是能高效爬行的页面，就会受到spider的喜欢，这样对收录数量有一定的好处。

2. 表格的嵌套问题

根据目前掌握的情况来看，spider爬行表格布局的页面，遇到多层表格嵌套时，会跳过嵌套的内容或直接放弃整个页面。

使用表格页面，为了达到一定的视觉效果，不得不套用多个表格。如果嵌套的表格中是核心内容，spider爬行时跳过了这一段没有抓取到页面的核心，这个页面就成了相似页面。

网站中过多的相似页面会影响排名及域名信任度。

DIV + CSS布局基本上不会存在这样的问题，从技术角度来说，XHTML在控制样式时也不需要过多的嵌套。少一些多层表格嵌套，对网站SEO还是有好处的。

3. 速度问题

DIV + CSS布局与表格布局相比减少了页面代码，加载速度得到了很大的提高，这对 spider 爬行是非常有利的。过多的页面代码可能造成爬行超时，spider 就会认为这个页面无法访问，影响收录及权重。另一方面，真正的网站优化不只是为了追求收录、排名，快速的响应速度是提高用户体验的基础。

4. 修改设计时更有效率

由于使用了 DIV + CSS 制作方法，在修改页面的时候更加省时，到 CSS 里找到相应的 ID，使得修改页面的时候更加方便，也不会破坏页面其他部分的布局样式。

5. 保持视觉的一致性

DIV+CSS 最重要的优势之一是保持视觉的一致性。以往表格嵌套的制作方法，使得页面与页面或者区域与区域之间的显示效果会有偏差；而使用 DIV + CSS 的制作方法，将所有的页面或所有区域统一用 CSS 文件控制，就避免了不同区域或不同页面体现出的效果偏差。

6. 对排名的影响

对于 XHTML 标准的 DIV + CSS 布局，一般在设计完成后会尽可能完善到能通过 W3C 验证，与普通表格组成页面的网站相比，使用 XTML 架构的网站排名状况一般都要好些。

2.3.3 静态化页面对 SEO 的影响

搜索引擎呈现的结果页面是有序的网站列表，每个列表所显示的网站都有 3 个基本的元素，即标题、网址和摘要，其中摘要需要从网页正文中生成。

很多 SEO 人在做优化的过程中，都刻意强调页面静态化。他们认为这样更有利于搜索引擎抓取网站页面中的内容。页面由动改静后，目的无非是希望搜索引擎喜欢，能被搜索的机会多些。但是，目前多数搜索引擎都能收录动态页面，使用动态页面的站点数也远远大于静态页面的站点数。如果把具体因素综合起来考虑，页面静态化有时候反而是得不偿失。

搜索引擎对静态页面和动态页面并没有特殊的好恶之分，只是有时候动态页面的参数机制不利于搜索引擎收录，而静态页面更容易收录而已。此外，静态页面在一定程度上降低了系统负载，也提高了页面访问速度、系统性能及稳定性。

对于大中型网站，静态化带来的问题和后续成本也是不容忽视的，由于生成的文件数量较多，存储需要考虑文件、文件夹的数量和磁盘空间容量的问题——需要大量的服务器设备。

程序将频繁地读写站点中较大区域的内容，考虑磁盘损伤问题及其带来的事故防范与恢复——硬件损耗要更新、站点备份要到位。

页面维护的复杂性和大工作量，以及带来的页面维护及时性问题——需要一整套站点更新制度和专业的站点维护人员。

通过一些软件开发和服务器技术也可做到不需要真正静态化，只需要伪静态即可。

伪静态网站手法如下。

- □ 使用 IIS_rewrite 静态化处理，适合 PHP、ASP、ASP.NET 程序。
- □ isapi_rewrite.isapi_rewrite 分精简（Lite）和完全（Full）版。精简版不支持对每个虚拟主机站点进行重写，只能进行全局处理；精简版下载地址为 ISAPI_Rewrite 2.7 For IIS 。
- □ 打开 IIS，选择网站，在右键快捷菜单中点击“属性”命令，添加过滤器。操作内容如图 2-8 所示。

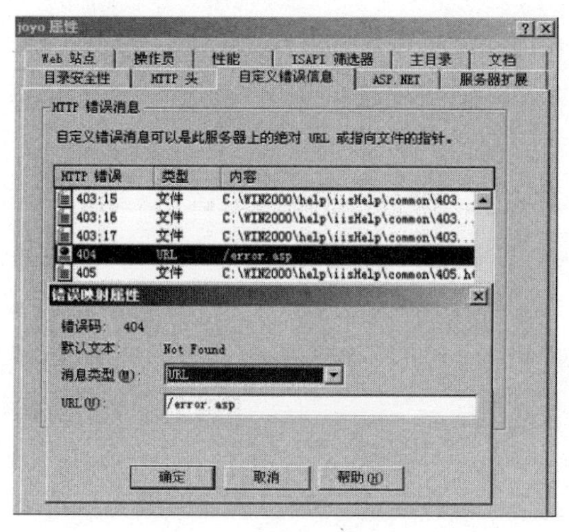

图 2-8　属性对话框

- □ 在 error.asp 里添加处理命令：

```
CallParaseUrl("/(\d+).htm","/user.asp?User=$1")
```

□ 在需要静态化的实例 user.asp 页面中添加代码：

```
<!-- #include virtual="/rewrite.asp" -->
引用文件 <%
response.write "<li>Para=" & session("Para") '变量是通过 Session 传递
'原来使用 request("user")获得参数的命令，需要修改成 request_("user")调用
response.write "<li>request_(""User"")=" & request_("User")
'原用 request.querystring ("user")获得参数命令，修改为 request__.querystring
("user")调用
response.write "<li>request__.querystring(""User"")=" & request__.querystring("User")
%>
```

□ 在地址栏输入/1.htm，实际调用/user.asp?user=13。使用 asp.net 开发网页程序，使用 URLRewriter.dll 实现静态化。

□ 下载 URLRewriter.rar，解压后放在/bin/目录下。

□ 将 URLRewriter.rar 加入工程引用。

□ 配置 IIS 站点，将“扩展”名设置为“html”并且指向处理程序 aspnet_isapi.dll。右击 IIS 站点，在弹出的快捷菜单中选择“属性”命令，在弹出的对话框中选择“主目录”选项卡，然后点击“配置”按钮，在弹出的对话框中点击“添加”按钮，可执行文件和 aspx 处理相同，都是 c:\windows\microsoft.net\framework\v2.0.50727\aspnet_isapi.dll。特别注意，一定不要选择“检查文件是否存在”。

□ 在 web.config 中添加配置内容，压缩包里有：

```
<configSections><sectionname="RewriterConfig"type="URLRewriter.Config.Rewrite
rConfigSerializerSectionHandler, URLRewriter" />
</configSections><!-- 实际重定向 -->
<RewriterConfig><Rules><RewriterRule><LookFor>                    ~
/(\d*).html</LookFor><SendTo>                                      ~
/user/default.aspx?link=$1</SendTo></RewriterRule></Rules></RewriterConfig><
system.web><!--需要在 IIS 里面增加 html 引用，改成 aspx 的引用-->
<httpHandlers>
<add verb="*" path="*.aspx"type="URLRewriter.RewriterFactoryHandler, URLRewriter" />
```

<add verb="*" path="*.html"type="URLRewriter.RewriterFactoryHandler, URLRewriter" />

</httpHandlers>

□ 在地址栏输入 http://localhost/1.html，指向 http://localhost/user/default.aspx? link=14，基于 Apache HTTP Server 静态化 Apache Web Server 的配置（conf/httpd.conf）。

□ 在 httpd.conf 文件中查找 LoadModule rewrite_module modules/mod_rewrite.so，通常该行被注释，去掉“#”。如果没有就增加该行。

□ 加入代码：<IfModule mod_rewrite.c>RewriteEngine OnRewriteRule ^/([0-9]+).html$ /user.php?user=$1</IfModule>。

□ 如果网站使用通过虚拟主机来定义，务必加到虚拟主机配置文件.htccess 中去，否则可能无法使用。

□ 重启 Apache，重新载入配置。

□ 在地址栏输入 http://localhost/1.html，实际指向 http://localhost/user.php?user=15。文件格式链接静态化后可以是 HTML 文件，也可以是目录。通常目录的权重大于文件的权重，可以在搜索引擎中获得更好的排名。

2.3.4 目录级别对 SEO 的影响

一个网页经常要存放在多级目录下，比如 free/movie/20090918/1001.htm，其实这种存放方法是不合理的。对搜索引擎来说，是从根目录依次向下开始抓取内容，如果页面存放在 3 级以上目录，搜索引擎收录抓取时就会吃力，许多内容将不被收录。一般重要的内容尽量存放在较顶层的目录里，这样不仅收录速度快，排名也比深层次目录要高。

同时，在目录中设置关键词是很重要的，当然有时候域名根目录下不一定只有目录，还会有一些单页面，这样的单页面在搜索引擎中的权重肯定要比目录下的单页面高。

当搜索引擎抓取完目录之后会开始抓取具体页面，页面上的关键词的权重和密度设定，以及页面上包含关键词链接的密度都是搜索引擎参考的重要因素。

可以把关键词的级别分为 3 个层次。如果以“网站策划”这个关键词作为例子，“网站策划”是核心关键词。当然“网站策划”这个词下面还有很多相关的扩展关键词，如网站策划书、网站策划方案、网站策划策略等很多二级的扩展关键词。那么在设计网站结构的时候就需要把“网站策划”作为核心关键词，这个词必须在域名中出现，而那些二级的扩展关键词则可以作为子栏目在目录名称中出现。到了第三层页面就是具体要优化的三级关键词了，如在“网站策划方案”这个子栏目中添加包含“网站策划方案下载”这样的单页面。也就是说网站页面结构中包含的关键词重要程度跟所要优化的关键词的重要程度是要相匹配的，重要的关键词要放在重要的位置。

下面介绍一些设置的小技巧。

□ 把从核心关键词中扩展出来的二级关键词分别作为栏目名称，这个可以算作关键词的二级分类。

□ 把从二级关键词中扩展出来的三级关键词作为要添加的单页面的主要关键词，也就是具体内容页的关键词。

2.3.5 目录文件名对 SEO 的影响

目录路径和文件名也是影响搜索引擎排名的一个重要因素，很多人非常容易忽略这点。

根据关键词无所不在的原则，可以在目录名称和文件名称中使用到关键词。单个关键词直接命名为文件名，如果是关键词组，则需要用分隔符分开，这些词之间常用连字符“-”和下划线“_”进行分隔，URL 中还经常出现空格码“%20”。因此，如果 “中国地图”选用英文文件名，就可能出现以下 3 种分隔方式：China_map.htm、China-map.htm 和 China%20map.htm。

这几种写法哪种合适，哪种不合适呢？

目前，谷歌等搜索引擎并不认同将“_”作为分隔符。对谷歌来说，China-map 和 China%20map 都等于 China map，但 China_map 就被读成了 Chinamap，连在一起之后，关键词就失去了意义。

China-map.htm 是正确的写法，这一点千万要注意。因此，目录和文件名称如果有关键词组，要用连字符“-”，而不是用下划线“_”进行分隔。

随着搜索引擎的不断改进，百度、谷歌等搜索引擎也开始支持中文文件名了，比如上面以“中国地图”为关键词，则可以使用“中国地图.htm”作为文件名，或者使用经过 urlencode 的字符串“%D6%D0%B9%FA%B5%D8%CD%BC.htm”，这样排名要优于其他文件名命名方法。

中文文件搜索结果如图 2-9 所示。

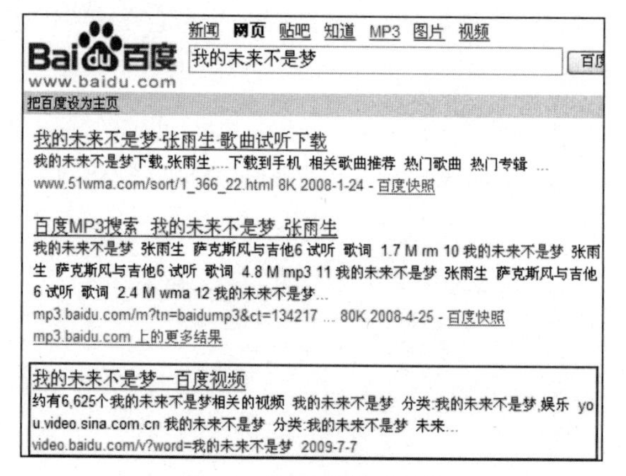

图 2-9 中文文件搜索结果

不仅页面的文件名要优化，包括存放页面的目录名也可以采用同样的手段，比如用拼音或者中文名称来命名。

2.3.6 网页大小对 SEO 的影响

网页大小可以用文件大小（单位 KB）来表示，也可以用字数来表示，这是由页面中的文字与代码决定的。

在 2003 年时，搜索引擎对过大的网页很敏感，在网络上一直流传着一个说法，超过 100KB 的页面内容收录不全，可能是当时带宽比较窄，搜索引擎抓取较大的数据会有负担。如今，带宽都比较宽，信息量也比较大，门户网站的首页大小多在 100KB 以上。网站首页较大，这是正常的，但具体内容页面，则应该追求精简，过大的页面不仅打开速度会下降，在搜索排名中还要落后于较小的页面。

有许多方法可以让网页变得更小，如可以采用压缩页面代码、内容分页等手段去处理，也可以使用网页“减肥”软件等工具进行自动处理。

新闻中心在搜索结果中所呈现的内容如图 2-10 所示。

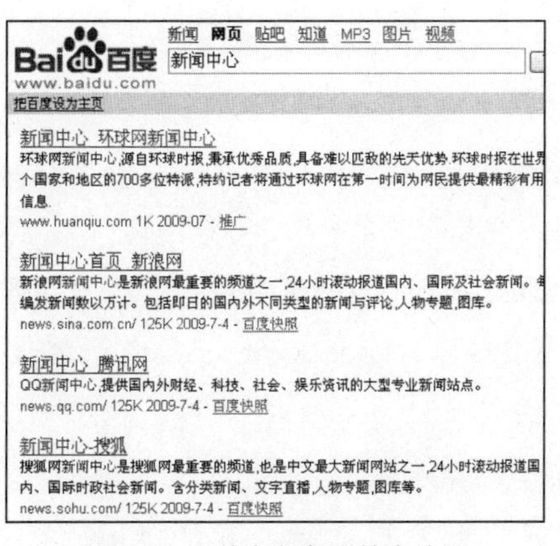

图 2-10 门户新闻频道搜索结果

2.3.7 如何使用 robots.txt

robots.txt 是一个纯文本文件，当一个搜索引擎 robot 访问一个站点时，它首先爬行来检查该站点根目录下是否存在 robots.txt。如果存在，搜索引擎 robot 就会按照该文件中的内容来确定访问的范围；如果该文件不存在，那么搜索 robot 就沿着链接抓取。

robots.txt 必须放置在一个站点的根目录下，而且文件名必须全部小写。

<meta name= “robots” content= “all” >指令表示搜索 robot 可以沿着该页面上的链接继续抓取下去。

那么如何设置网站中不想被 robot 访问的部分呢？

2008 年传得沸沸扬扬的淘宝和百度决裂事件之后，不少人都发现在淘宝的目录下出现了阻止百度搜索引擎抓取的命令。这样的类似指令是如何实现的呢？

首先创建一个纯文本文件 robots.txt，在这个文件中声明该网站中不想被 robot 访问的部分。robots.txt 文件应该放在网站根目录下。

robots.txt 文件包含一条或更多的记录，这些记录通过空行分开（以 cr、cr/nl 或 nl 作为结束符），每一条记录的格式为：

```
"<field>:<optionalspace><value><optionalspace>"
```

在该文件中可以使用“#”进行注解，具体使用方法和 UNIX 中的惯例一样。该文件中的记录通常以一行或多行 User-agent 开始，后面加上若干

Disallow 行，详细情况如下。

- User-agent

该项的值用于描述搜索引擎 robot 的名字。在 robots.txt 文件中，如果有多条 User-agent 记录，说明有多个 robot 会受到该协议的限制。对该文件来说，至少要有一条 User-agent 记录。如果该项的值设为“*”，则该协议对任何 robot 均有效，在 robots.txt 文件中，User-agent:*这样的记录只能有一条。

- Disallow

该项的值用于描述不希望被访问到的一个 URL，这个 URL 可以是一条完整的路径，也可以是部分的。任何以 Disallow 开头的 URL 均不会被 robot 访问到。例如 Disallow:/help 对 help.html 和 help/index.html 都不允许搜索引擎访问，而 Disallow:/help/则允许 robot 访问 help.html，而不能访问 help/index.html。任何一条 Disallow 记录为空，说明该网站的所有部分都允许被访问。在 robots.txt 文件中，至少要有一条 Disallow 记录。如果 robots.txt 是一个空文件，则对于所有的搜索引擎 robot，该网站都是开放的。

1. robots.txt基本的用法

robots.txt 使用举例如表 2-2 所示。

表 2-2　　robots.txt 使用举例

例 1. 禁止所有搜索引擎访问网站的任何部分	User-agent: * Disallow: /
例 2. 允许所有的 robot 访问 (或者也可以建一个空文件 robots.txt)	User-agent: * Disallow: 或者 User-agent: * Allow: /
例 3. 仅禁止 baiduspider 访问网站	User-agent: baiduspider Disallow: /
例 4. 仅允许 baiduspider 访问网站	User-agent: baiduspider Disallow: User-agent: * Disallow: /
例 5. 禁止 spider 访问特定目录 在这个例子中，该网站有 3 个目录对搜索引擎的访问做了限制，即 robot 不会访问这 3 个目录。需要注意的是对每一个目录必须分开声明，而不能写成 “Disallow: /cgi-bin/ /tmp/”	User-agent: * Disallow: /cgi-bin/ Disallow: /tmp/ Disallow: /～joe/

2. 常见的搜索引擎robot的名称

网站要屏蔽哪个搜索引擎或只让哪个搜索引擎收录的话，首先要知道每个搜索引擎 robot 的名称，如表 2-3 所示。

表 2-3　　常见的搜索引擎 robot 名称

名　称	搜索引擎
BaiduSpider	www.baidu.com
YodaoBot	www.yodao.com
ia_archiver	www.alexa.com
Googlebot	www.google.com
Sosospider	www.soso.com
Yahoo!+Slurp+China	www.yahoo.com.cn
MSNBOT	search.msn.com
Sogou+web+spider	www.sogou.com

3. robots.txt文件用法举例

例 1．禁止所有搜索引擎访问网站的任何部分。

下载该 robots.txt 文件。

User-agent: *

Disallow: /

例 2．禁止某个搜索引擎的访问。

User-agent:

BadBot

Disallow: /

例 3．允许某个搜索引擎的访问。

User-agent:

baiduspider

Disallow:

User-agent: *

Disallow: /

例 4．一个简单例子。

在这个例子中，该网站有 3 个目录对搜索引擎的访问做了限制，即搜索引擎不会访问这 3 个目录。

User-agent: *

Disallow:

/cgi-bin/

Disallow: /tmp/

Disallow: /~joe/

需要注意的是对每一个目录必须分开声明，而不要写成“Disallow: /cgi-bin/ /tmp/”。

User-agent:后的“*”具有特殊的含义，代表any robot，所以在该文件中不能有“Disallow: /tmp/*”或“Disallow:*.gif”这样的记录出现。

4. robot特殊参数

- 允许谷歌bot

如果要拦截除谷歌bot 以外的所有漫游器访问你的网页，可以使用下列语法：

User-agent:Disallow:/

User-agent:谷歌 bot

Disallow:

谷歌bot 跟随指向它自己的行，而不是指向所有漫游器的行。

- Allow 扩展名

谷歌bot 可识别称为 Allow 的 robots.txt 标准扩展名。其他搜索引擎的漫游器可能无法识别此扩展名，因此要使用你感兴趣的其他搜索引擎进行查找。Allow 行的作用原理完全与 Disallow 行一样，只需列出你要允许的目录或页面即可。

可以同时使用 Disallow 和 Allow。例如，要拦截子目录中某个页面之外的其他所有页面，可以使用下列条目：

User-agent:谷歌 bot

Disallow:/folder1/

Allow:/folder1/myfile.html

这些条目将拦截 folder1 目录内除 myfile.html 之外的所有页面。

如果要拦截谷歌bot 并允许谷歌的另一个漫游器（如谷歌bot-Mobile），可使用 Allow 规则允许该漫游器的访问。例如：

User-agent:谷歌 bot

Disallow:/

User-agent:谷歌 bot-Mobile

Allow:

● 使用“*”号匹配字符序列

可使用“*”号来匹配字符序列。例如，要拦截对所有以 private 开头的子目录的访问，可使用下列条目：

User-agent:谷歌 bot

Disallow:/private*/

要拦截对所有包含“?”号的网址的访问，可使用下列条目：

User-agent:*

Disallow:/*?*

● 使用“$”匹配网址的结束字符

可使用“$”字符指定与网址的结束字符进行匹配。例如，要拦截以 .asp 结尾的网址，可使用下列条目：

User-agent:谷歌 bot

Disallow:/*.asp$

可将此模式匹配与 Allow 指令配合使用。例如，如果“?”表示一个会话 ID，可排除所有包含该 ID 的网址，确保谷歌 bot 不会抓取重复的网页。但是，以“?”结尾的网址可能是你要包含的网页版本。在此情况下，可对 robots.txt 文件进行如下设置：

User-agent:*

Allow:/*?$

Disallow:/*?

Disallow:/*?一行将拦截包含“?”的网址（具体而言，它将拦截所有以你的域名开头、后接任意字符串，然后是“?”号，而后又是任意字符串的网址）。

Allow: /*?$ 一行将允许包含任何以“?”结尾的网址（具体而言，它将允许包含所有以你的域名开头、后接任意字符串，然后是“?”号，“?”号之后没有任何字符的网址）。

5. 网站地图（Sitemap）

对网站地图的新的支持方式，就是在 robots.txt 文件里直接包括网站地图文件的链接。就像这样：

Sitemap: www.abc.com/sitemap.asp

目前对此表示支持的搜索引擎公司有谷歌、雅虎、ASK 和 MSN。

不过，建议还是在谷歌网站地图进行提交，因为里面有很多功能可以分析你的链接状态。

6. robots.txt 带来的好处

□ 几乎所有的搜索引擎 spider 都遵循 robots.txt 给出的爬行规则，协议规定搜索引擎 spider 进入某个网站的入口即是该网站的 robots.txt，当然，前提是该网站存在此文件。对于没有配置 robots.txt 的网站，spider 将会被重定向至 404 错误页面。相关研究表明，如果网站采用了自定义的 404 错误页面，那么 spider 将会把其视作 robots.txt——虽然其并非一个纯粹的文本文件，这将给 spider 索引网站带来很大的困扰，影响搜索引擎对网站页面的收录。

□ robots.txt 可以制止不必要的搜索引擎占用服务器的宝贵带宽，如 E-mail retrievers，这类搜索引擎对大多数网站是没有意义的；再如 image strippers，对于大多数非图形类网站来说它也没有太大意义，但却耗用大量带宽。

□ robots.txt 可以制止搜索引擎对非公开页面的爬行与索引，如网站的后台程序、管理程序。事实上，对于某些在运行中产生临时页面的网站来说，如果未配置 robots.txt，搜索引擎甚至会索引那些临时文件。

□ 对于内容丰富、存在很多页面的网站来说，配置 robots.txt 的意义更为重大，因为很多时候会遭遇到搜索引擎 spider 给予网站的巨大压力：洪水般的 spider 访问，如果不加控制，甚至会影响网站的正常访问。

□ 同样地，如果网站内存在重复内容，使用 robots.txt 限制部分页面不被搜索引擎索引和收录，可以避免网站受到搜索引擎对于重复内容的惩罚，保证网站的排名不受影响。

7. robots.txt 带来的风险及解决方法

□ 凡事有利必有弊，robots.txt 同时也带来了一定的风险，即给攻击者指明了网站的目录结构和私密数据所在的位置。虽然在 Web 服务器的安全措施配置得当的前提下这不是一个严重的问题，但毕竟降低了那些不怀好意者的攻击难度。

比如说，如果网站中的私密数据通过 www.yourdomain.com/private/index.html 访问，那么，在 robots.txt 的设置可能如下。

```
User-agent: *
Disallow: /private/
```

这样，攻击者只需看一下 robots.txt 即可知道你要隐藏的内容在哪里，在浏览器中输入 www.yourdomain.com/private/ 便可访问我们不欲公开的内容。对这种情况，一般采取如下的办法：设置访问权限，对/private/中的内容实施密码保护，这样，攻击者便无从进入。另一种办法是将默认的目录主文件 index.html 更名为其他，比如说 abc-protect.html，这样，该内容的地址即变成 www.yourdomain.com/private/ abc-protect.htm。同时，制作一个新的 index.html 文件，内容大致为“你没有权限访问此页”，这样，攻击者因不知道实际的文件名而无法访问私密内容。

- 如果设置不对，将导致搜索引擎将索引的数据全部删除。

```
User-agent: *
Disallow: /
```

上述代码将禁止所有的搜索引擎索引数据。

2.4 如何制定搜索引擎喜欢的网站标签

2.4.1 标题（Title）的设计技巧

Title 是一个页面的核心，对页面进行优化时首先就是从 Title 开始的。

在 SEO 中，Title 的权重非常高，有没有描写好 Title，有没有抓住关键词进行合理的描写，这都是需要不断研究揣摩的，Title 的设计博大精深。Title 的描写涉及我们经常提到的分词，如果能把分词技术研究得更加深入，那么你的 SEO 技术相当于提高了一个层次。

<title>××××××××××</title>，我们所说的 Title 描写就是×××位

置上的内容。Title 的描写没有一个很好的定义，从权重和长尾的角度来考虑，是会出现很多种不同的组合方式的，所以分词常常是一个令人头疼的问题。

在设计 Title 时要遵循的内容如下。

1. 只放 1～2 个关键词

因为太多的关键词会稀释核心关键词，搜索引擎也不知道页面要突出哪个关键词，所以哪个关键词都没有好的排名。

例如：网站策划 · 为 300 家企业提供了网站策划解决方案!

2. 不要超过25个汉字、50个英文字母

Title 只把核心的关键词描写清楚就可以，太长的 Title 搜索引擎也会省略掉后面的部分，整个 Title 也无法突出重点。

3. 越核心的关键词排放位置越靠前

很多网站把公司名称放在了 Title 最前面，这是错误的，除非公司名称里面含有网站关键词，因为搜索引擎认为最前面的关键词是最重要的关键词。

4. 不要有特殊标点符号

分隔符用“,”“-”为佳，像“★◆%￥#*……”这类的符号搜索引擎都会看作是一个字符或多个字符，大大增加了干扰元素。

5. 融入长尾关键词

搜索的用户不同所以搜索的关键词也会不同，这时就要考虑长尾关键词的融入，比如：“网站策划 · 为 300 家企业提供了网站策划解决方案!”，不但核心关键词重复了 2 遍，而且很自然地融入了“方案”长尾关键词。当用户搜索“网站策划方案”时，网站也会排在搜索引擎的前面。

6. 每个页面不要雷同

如果网站每个页面的 Title 都一样，那么对于搜索引擎来说没有任何意义，所以也不会给予好的排名，同时网站也会因此不能获得较高的流量。

2.4.2 描述（Description）的设计技巧

Meta 的 Description 是 Head 和整个网页 SEO 的第二个重要的部分，虽然搜索引擎没有把它定为排名的因素，但它可以引导搜索引擎寻找需要的内容，如果你在 SEO 的过程中把 Description 写成和网页内容不一致的内容，那么对搜索引擎进行判断的权重也会受到影响。所以 Description 可以说是直接为单网页指引的第一个环节。

正常的 Description 应该是：

<meta name="description" content="这里是你描述你的网页的描述语">

那么在设计 Description 时要遵循什么呢？

1. 只放 4 个关键词为佳

这个要看实际情况，老网站、大型网站、热门关键词的情况下，可以多重复几次关键词，因为网站已经有一定的权重，不会轻易地受到搜索引擎惩罚。

如果是刚建成的网站、中小型网站，千万不要堆积关键词，4 个关键词是最佳的选择。

2. 不要超过100个文字、200个英文字母

最好用最短的术语进行描述，不但要控制字数，而且要保持语句的通顺。

3. 越核心的关键词越放在前面

和 Title 的道理相同，但这个设计会更难些，因为语句相对比较长。

4. 不要有特殊标点符号

特殊的标点符号一直是搜索引擎不喜欢的，所以在任何地方都不要让它们出现。

5. 融入更多的长尾关键词

Description 要融入更多的长尾关键词，尽可能地把用户常搜索或会搜索到的关键词都自然地融入到 Description 里，这样会增加不同关键词搜索带来的排名和流量。

6. 每个页面都要不同

每个页面的 Title 不一样，那么 Description 也要不一样，并且和本页面的内容是相关的。

2.4.3 关键词（Keywords）的设计技巧

关键词被很多垃圾制作者过分使用，至今为止很多搜索引擎已经不再通过这项进行检索，即使有几个关键词搭配 Meta，还是可以配合总体的优化，但是以后此项也将被搜索引擎放弃使用。在描写关键词的时候记得要避忌几个问题，即关键词不可重复使用，一个好的关键词的优化字符应不超过4个关键词。

如：<meta name="keywords" content="租房, 北京租房"> 。

设置关键词的时候，要注意用英文小写，用“,”来分开，如果不隔开那么搜索引擎会认为是一个关键词。

2.4.4 认识更多 Meta

1. Content Type和Content Language (显示字符集的设定)

说明：设定页面使用的字符集，用以说明主页制作所使用的文字语言，浏览器会根据此文字来调用相应的字符集显示页面内容。

用法：

```
<Meta http-equiv="Content-Type" Content="text/html; Charset=gb2312">
<Meta http-equiv="Content-Language" Content="zh-CN">
```

注意：该 Meta 标签定义了 HTML 页面所使用的字符集为 GB2312，就是国标汉字码。如果将其中的“Charset=gb2312”替换成“Big5”，则该页面所用的字符集就是繁体中文 Big5 码。当浏览一些我国以外的站点时，IE 浏览器会提示你要正确显示该页面需要下载××语支持。这个功能就是通过读取 HTML 页面 Meta 标签的 Content-Type 属性而得知需要使用哪种字符集显示该页面的。如果系统里没有装相应的字符集，则 IE 会提示下载。其他的语言也对应不同的 Charset，比如日文的字符集是“iso-2022-jp”，韩文的字符集是“ks_c_5601”。

2. Refresh（刷新）

说明：让网页多长时间（秒）刷新一次自己，或在多长时间后让网页自动链接到其他网页。

用法：

```
<Meta http-equiv="Refresh" Content="30">
<Meta http-equiv="Refresh" Content="5; Url=http://www.sjzcity.com">
```

注意：其中的“5”是指停留 5 秒钟后自动刷新到 URL 网址。

3. Content-Script-Type（脚本相关）

说明：这是近来W3C的规范，指明页面中脚本的类型。

用法：

```
<Meta http-equiv="Content-Script-Type" Content="text/javascript">
```

4. robots（机器人向导）

说明：robots用来告诉搜索spider哪些页面需要索引，哪些页面不需要索引。Content的参数有all、none、index、noindex、follow、nofollow，默认是all。

用法：

```
<meta name="robots" content="all|none|index|noindex|follow|nofollow">
```

注意：许多搜索引擎都通过放出robot/spider搜索来登录网站，这些robot/spider就要用到Meta元素的一些特性来决定怎样登录。

all：文件将被检索，且页面上的链接可以被查询。

none：文件将不被检索，且页面上的链接不可以被查询（和noindex、nofollow起相同作用）。

index：文件将被检索（让robot/spider登录）。

follow：页面上的链接可以被查询。

noindex：文件将不被检索，但页面上的链接可以被查询（不让robot/spider登录）。

nofollow：文件将不被检索，页面上的链接可以被查询（不让robot/spider顺着此页的链接往下探找）。

第3章 关键词与 SEO

3.1 关键词的重要性

当通过搜索引擎查找相关资讯的时候，人们会毫不犹豫地在搜索框中输入想要找的资讯的核心词，这些词被称为关键词。当搜索的结果不能达到人们对资讯的满意度时，便会在核心词的基础上添加定语来修饰搜索结果，以便更准确地来搜索所需要的内容。

那么，搜索引擎又是如何工作的呢？

当我们用词或者短语来表达信息需求时，网页中含有该词或者该短语中的文字，是搜索引擎查询模式。就中文来说，它是包含若干个词的一段文字。首先需要被“切词”（Segment）或称为“分词”，即把它分成一个词的序列，不同的搜索引擎可能得出不同的结果。随后，还需要删除那些没有查询意义或者几乎在每篇文档中都会出现的词（例如“的”），最后形成一个用于参加匹配的查询列表。所以关键词的设定不只是添加，还需要大量的分析。

在早期的搜索引擎推广策略中，针对网站Meta标签中关键词的设计，一度是网站推广的一项重要工作内容，现在这项工作的重要程度大大降低，但对于网站关键词的选择设计仍然有其重要意义，因此选择和确认关键词仍然是搜索引擎营销中必不可少的一项工作。

关键词为何重要呢？

搜索不到所需要的东西，很多情况是因为使用关键词不当。搜索引擎是很机械的，它不可能像人一样能听懂我们说的话，只有按照一定的规律去搜索才能得到较好的效果。

例如：输入“网站运营策划书”时，这些关键词就好像把搜索引擎当作道路上的指示标一样。搜索引擎只会机械地把含有这个关键词的网页找出来，不管网页上的内容是什么。虽然现在各大搜索引擎公司纷纷提高了技术水平，但是，搜索引擎始终是按照程序进行工作的。

关键词的内容可以是邮箱、网站、照片、软件、游戏、商品、论文等，也可以是任何中文、英文、数字或中文英文数字的混合体，还可以输入 2 个、3 个、4 个……字符，甚至可以输入一句话。

网站的关键词是网站与用户之间相互沟通的基本要素，对于网站推广、品牌创建以及销售促进等方面具有重要作用。反之，如果一个网站对自己的核心关键词不明确或者对重要关键词缺乏认识，网站推广、网络品牌等网络营销工作必然陷入盲目状态，这样自然也会影响网络营销的总体效果。

3.2 关键词密度

要达到理想的 SEO 效果，不仅要为网站或网页选定恰当的、有效的关键词，更重要的是在网页中恰当地将这些关键词嵌入到内容当中。对 SEO 来说，这主要包括以下两方面内容。

1．关键词的位置

关键词出现在页面文件中的位置及先后顺序对网页出现在 SERP（搜索结果）页面中排名的影响近来逐渐减小。

2．关键词密度或关键词频率

在网页中关键词出现的频率越高，搜索引擎便会认为该网页内容与相应关键词的相关性越高，从而越容易出现在 SERP 页面的前端。

3.2.1 什么是关键词密度

关键词密度（Keyword Density）与关键词频率（Keyword Frequency）实质上是同一个概念，它是指关键词在网页上出现的总次数与其他文字的比例，一般用百分比表示。相对于页面总字数而言，关键词出现的频率越高，其密度也就越大。简单地举个例子，如果某个网页共有100个词，而关键词在其中出现5次，则可以说关键词密度为5%。

但是，这个例子是一种简化方式，它没有有效包括HTML代码里面的。诸如Meta标签中的Title、Keywords、Description，图像元素的Alt文本、注释文本等，我们在计算关键词密度时，要把这些也都考虑在内。同时，还要考虑停用词（Stop Words），这些词往往会在很大程度上稀释关键词密度。搜索引擎在算法上要比这复杂得多，但基本策略与此相似。

3.2.2 纠正对关键词密度的错误看法

在网站的优化过程中，人们都知道关键词密度这个概念，有一个公认的说法是让关键词密度保持在3%～8%比较合适，这是搜索引擎最友好的一个密度范围。但相信大家都见过一些排名很靠前的网站，其关键词密度特别不符合这个要求，有的关键词密度甚至高达30%，而有的也可能完全没有关键词。在关键词密度方面最后补充一句：只要按逻辑、按正常的语法来写网页，关键词密度就完全不必考虑。比如一些SEO网站导航的每个栏目上都有SEO关键词存在，这种堆积符合逻辑，从另一个角度上说这是栏目设计的需要。

只有正确地理解关键词密度的概念，才能使你的网站优化在不会被判为作弊的基础上显得更为有效。

3.2.3 什么是适当的关键词密度

不同的搜索引擎，如百度、谷歌和雅虎，在对关键词密度的算法上其数学公式有所不同，其接受的最佳关键词密度不尽相同。而就过度优化，如关键词Spam而言，不同的搜索引擎在采取惩罚前的容忍级别也不尽相同。

一般来说，在大多数的搜索引擎中，关键词密度在3%～8%是一个较为适当的范围，有利于网站在搜索引擎中的排名，同时也不易被搜索引擎视为关键词填充。

各搜索引擎都将关键词密度作为其排名算法的考虑因素之一，每个搜索引擎都有一套关于计算关键词密度的不同的数学公式。合理的关键词密度可使网站获得较高的排名位置，密度过大，反而会起到相反的效果。

就实施惩罚前所允许的关键词密度的阈值而言，不同的搜索引擎之间也存在不同的允许级别。对过度优化，如关键词 Spam 而言，不同的搜索引擎容忍的阈值也不尽相同，从大到小排列依次是谷歌、MSN、百度、搜狗、IASK，雅虎是最低的。

3.2.4 关键词放在网页哪些位置最好

1. 关键词位置

进行页面的 SEO 时，关键词需要出现在整个页面的适当位置，下面列出几个重要的关键词摆放的位置。

以下列出的 10 个位置也是本书中最为核心的内容之一。

- 网页 Title 部分。
- 网页 Meta Keywords 部分。
- 网页 Meta Description 部分。
- 在 body 的文本部分，越靠近页面的开头越好。
- 在整个 body 文本的第一句话中。
- 在网址中。
- 在网页 H1 或者 H2 标签里。
- 在站内链接的链接文本里。
- 在站外链接的链接文本里。
- 在图片标签的 Alt 属性里。

上面的这些位置都可以放置关键词，越前面的位置对于搜索引擎来说权重越大。

这里有一个度的问题，也就是说，如果在上面列出的 10 个位置中都放上了关键词，那么，很有可能会受到搜索引擎的惩罚，认为这是过度优化。

这里要说明一点，在放置关键词的时候要自然，不要硬放，在出现的地方有 1～2 次就可以了。

2. 关键词形式

搜索引擎越来越喜欢接近自然的优化方式，而对于自然的理解，最简单的就是关键词在同一个页面出现的形式不可能是千篇一律的，文字、字体、格式和链接都不可能一模一样，这才更接近一个页面自然的状况。

比如文章最开头的关键词和评论及图片名称上的关键词形式没有任何差别，而且还刻意为了提升关键词，将关键词跟周围的文字区分开来。

3.2.5 关键词密度的基本原则

同一个搜索引擎对不同网站关键词密度的大小所能允许的容忍值也不相同，比如同样一个页面，新浪、CCTV 的网站密度值达到 20%可能没有什么事情，但是如果换成新网站，估计马上就被屏蔽了。

推荐使用“页面关键词密度查询”来查询网页关键词的密度。

相对于百度来说，谷歌搜索引擎赋予关键词密度的权重更小了，很多排名靠前的网页关键词密度可能高到 20%以上，也可能完全没有关键词。百度更重视的是关键词密度；而相对谷歌而言，重视更多的则是外部链接的建立。

3.2.6 如何增加关键词密度

关键词密度只需要通过网站本身的内容来实现即可，做多了反而会触发关键词堆砌过滤器（Keyword Stuffing Filter）。只要按逻辑、按语法正常写网页，就不必太顾及关键词密度。一个页面中出现关键词密度很高的情况，只要是实际需要的，便可以保留，毕竟网站是给网站的浏览者看的。用户体验也很重要，尽可能提供最有价值的信息给访客才是最重要的考虑点之一，不过需要澄清的是那样的页面有可能会被搜索引擎自动地过滤掉，因为关键词很可能过多。

3.2.7 如何查询关键词密度

每次自己计算关键词密度明显是一件很吃力的事情，下面列出几个关键词密度查询工具，供参考。

- □ http://www.webconfs.com/keyword-density-checker.php。
- □ http://www.seobox.org/keyword_density.htm。
- □ http://tool.chinaz.com/Seo/Key_Density.asp。
- □ http://www.keyworddensity.com。
- □ http://www.seo-sh.cn/keywords。

3.2.8 谷歌和雅虎的喜好分析

1. 雅虎看重内容的相关性，谷歌喜欢原创内容

对于谷歌来说，网站管理员和SEO人员将关键词密度优化在2%～3%比较合理，而雅虎似乎还需要更高的关键词密度。对于雅虎来说更合理、更有效的关键词密度是否会导致谷歌认为其站点是关键词堆积呢？幸好两个网站的算法之间还有一些不同的特点，可以解决这个问题，使得进行雅虎优化而不受谷歌惩罚。

雅虎很大程度上是以语言为基础的，需要更关注语言文字的多样性。如果同一关键词或短语可以利用 4 种不同说法，某一说法对应词的密度在2%左右，那么就可以利用这种差异来提升雅虎的关键词密度到7%～8%，而又保证这在谷歌上也在合理范围内。这样，对于谷歌来说，等于同时针对了4个不同的关键词进行了优化并给予了谷歌认为合理的密度。由于可以使用各种词根进行关键词扩展，也可以轻易地保证文案写作的流畅和自然。

2. 雅虎与谷歌排名算法的细微区别

- □ 链接广度：谷歌最重视链接广度，雅虎没强调这个。
- □ Meta 标签：谷歌已经看轻 Meta 标签了，雅虎还是很重视的。
- □ 域名中的关键词：雅虎比谷歌更重视域名中的关键词。
- □ 雅虎会抓取 HTML 注释（用“”号引起来的文字、代码），而谷歌不抓取这个。
- □ 谷歌注重语义分析和链接，雅虎注重 Title 和 H1、H2、H3。
- □ 谷歌比雅虎更新的速度快得多。

3.3 关键词趋势

3.3.1 什么是关键词趋势

关键词趋势就是在搜索榜单没有出现的情况下，由热门关键词所形成的动态状况。通俗地说，就是预计哪些关键词会成为热门关键词，荣登各个搜索榜单。这对于SEO的意义在于，在榜单还没有出现的时候，准确地把握可能出现在搜索榜单的关键词信息，让自己的网站在关键词预热阶段就受到别人的关注。

打开搜索网站，输入某个关键词进行搜索时，这个关键词已经被搜索引擎记录下来，随后搜索引擎会对这些搜索需求进行分析，从而列出关键词搜索榜单。以下介绍几个搜索网站。

谷歌热榜（www.google.cn/rebang/home）如图3-1所示。

图3-1 谷歌热榜页面

百度指数（http://index.baidu.com）如图3-2所示。

百度搜索风云榜（http://top.baidu.com）如图3-3所示。

那么，作为一个SEO人，如何进一步得到关键词趋势以便预测这些榜单，在预热阶段就开始获得大量的流量呢？其实，只要分析一下这些榜单的形成要素就可以做到。

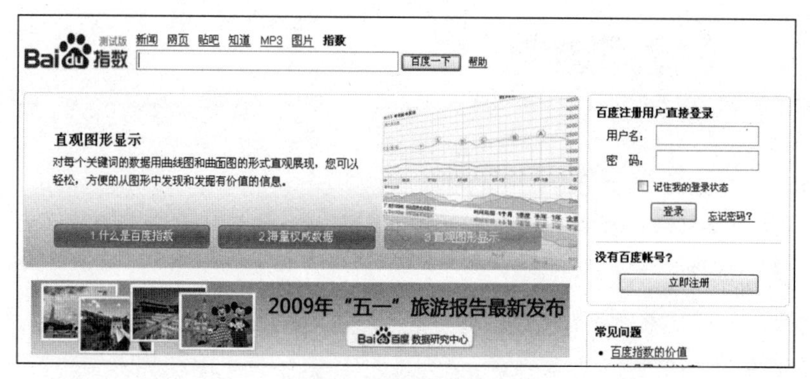

图 3-2　百度指数页面

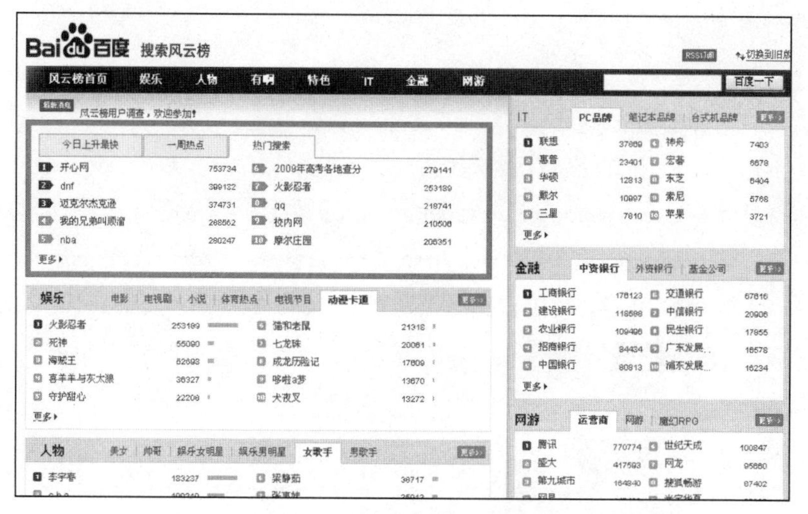

图 3-3　百度搜索风云榜页面

3.3.2　带你认识谷歌热榜

在谷歌的官方网站上，不难找到关于谷歌热榜 http://www.google.cn/rebang/home/的使用说明，这里不是要照搬这个说明，而是要强调预测关键词必看的内容。

1. 谷歌热榜上榜单的来源

关注这个话题可以了解热榜的形成和来源，这样，不仅可以了解这个榜单的数据来源，还可以为网站增加有价值的信息。

2. 榜单的分类

榜单的数据是网站目标群体的关注点。通过分类的榜单，能更好地跟踪和研究相关分类中的关注点，把握风向和趋势，也有利于提前做好关键词的收录工作。

3. 我的网站也有一些排行榜，让谷歌热榜也收录这些信息

谷歌有一个开放性的排行榜，可以把它作为一种手段来实现谷歌热榜的呈现。可以通过网站下方的“与我们联系”链接告诉谷歌，并在邮件标题上标明“排行榜提交”。但是谷歌无法保证收录每一个提交的排行榜。

3.3.3 带你认识百度风云榜

1. 搜索量数据来源

流行金曲、男歌手、女歌手的搜索量来自百度MP3搜索，美女、帅哥、风景名胜的搜索量来自百度图片搜索，其他关键词的搜索量数据来自百度网页搜索。

2. 发布时间

关注发布时间有利于配合百度最新的风云榜，尽快做一些相关的内容。搜索量数据根据前一天0：00～24：00搜索量的统计自动计算生成，每天早上自动更新。更新时间是我们关注的，如果研究关键词趋势的时间，那么就要在第一时间赶快掌握内容。其实，设定相关的文章内容也是可以的，这便等于走了一点小捷径。

3. 名词解释

分析一下每个词的侧重点，有利于统一做好关注和修改的准备。

- 排名：该关键词搜索量在该分类中的当天排名。
- 关键词：用户搜索所用关键词，点击可以在新窗口中打开该关键词搜索结果页。
- 今日搜索量：当天早上自动统计的该关键词在前一天0：00～24：00的搜索量。
- 历史总搜索量：该关键词进入中文搜索风云榜后的每天搜索量相

加总和。

- Top50 上榜天数：该关键词进入该分类 Top50 排行榜的天数。
- 日平均数：该关键词的历史总搜索量日平均数。
- 上升最快：指取当天搜索量排名中的前 1 000 个关键词，用它们的当天排名与前一天的排名比较，排名上升变化最快的关键词。前一天排名低于 1 000 的关键词排名记为 1 001。

4. 瞬时风向标

滚动显示的关键词是百度用户正在搜索的关键词，系统定期自动从日志记录中抽取关键词，滚动显示在显示屏上。

3.3.4 带你认识百度指数

百度指数（http://index.baidu.com）是以百度网页搜索和百度新闻搜索为基础的免费海量数据分析服务，用以反映不同关键词在过去一段时间里的"用户关注度"和"媒体关注度"。通过百度指数，可以发现、共享和挖掘互联网上最有价值的信息和资讯，直接、客观地反映社会热点、网民的兴趣和需求。

百度指数反映的是关键词在过去 30 天内的网络曝光率及用户关注度，能形象地反映该关键词每天的变化趋势。

1. 百度指数榜单

榜单就是要监测的一组关键词的集合。在这组关键词中，可以输入不大于100个关键词来监测。其中每个关键词还可以配置10个以内的同义词。

2. 百度指数同义词

在录入榜单监测词表的时候，有的词在搜索的时候有同义词，如百度，那么 baidu 就是它的同义词，百度搜索引擎也是它的同义词。如果输入了同义词，搜索量和新闻数量会自动归并在一起计算。

3. 计算百度指数

百度指数是综合反映该关键词在过去一天用户和媒体对它的关注度的一个参考值。任意关键词的百度指数都是该关键词在比较期的数值或该关键词在基期的数值。比较期的数值和基期的数值是通过当天的用户搜索量和百度新闻中过去30天相关的新闻数量相比得来的。

百度指数以全球最权威的中文检索数据为基础，通过科学、标准的运算，并且以直观的图形界面展现，帮助用户最大化获取有价值的信息。通过百度指数，可以：

- 开放式地检索、发现和追踪社会热点和话题。
- 跟踪新闻事件点，预知媒体热点。
- 获取行业关键词指数，掌握商机。
- 开放式地获取互联网权威数据，进行科学研究。
- 监测网站关键词变化数据。

百度指数每天更新1次，并且提供用户“1个月”“3个月”“6个月”和最长“1年”的时间区间。

同时，根据不同的关键词，机器自动从百度新闻搜索中获取与该关键词最相关的10条热门新闻，并将这些新闻按时间顺序均匀地分布在“用户关注度”曲线图上，以字母标识，每个字母对应1条新闻。

4. 指数搜索结果页面

如果存在唯一的关键词，则进入指数数据查询结果页面，在这里，可以查看到该关键词的详细数据和曲线图。

- **指数数据列表**

这里显示 “用户关注度”和“媒体关注度”的详细数据，分别显示今日、1周、1个月和1季度的数值和变化率。

- **指数曲线图**

这里以图形的方式显示关键词数据的变化情况。

曲线图：用户关注度。

曲面图：媒体关注度。

时间范围选择：1个月、1季度、半年、1年。

均值线：提供30天均值线。

曲线图转换为图片：可将曲线图转换为.png图片，方便直接调用。

- **相关新闻**

对应关键词指数曲线的变化情况，从百度新闻搜索中的上千个新闻源中收集并筛选，经过机器合理计算，提供了10条与该关键词最相关的热门新闻，按时间排序，真实地反映每个关键词的新闻热点和历史事件。在相关新闻栏上加入了该关键词的 RSS 订阅按钮，方便用户随时关注该关键词的相关新闻。

● **数据分布**

百度指数注册用户登录后能看到对应关键词指数搜索排名前 10 的地区和城市分布，并在地区和城市名称后显示关键词搜索量的直线图。

如果不存在唯一的关键词，则会进入指数列表选择页面，在这里，能查看到所有包含关键词的相关指数。点击其中任意一个指数的链接，将会进入指数数据查询结果页面，查看该关键词的详细指数信息。

● **百度指数常见问题**

□ 什么是榜单？

百度指数注册用户登录后，可以创建 3 个榜单，并为各个榜单起名称，例如："我的指数""我的榜单"等。一个榜单就是一个分类，可以在榜单内添加不同的关键词，每个榜单最多添加 100 个关键词。

□ 什么是榜单属性？

注册用户登录后，可以设定榜单的属性。每个榜单拥有两个属性，即公开和私有，默认为私有。

公开的榜单任何人都可以查看，私有的榜单只有用户本人可以查看。用户可以自己决定榜单的属性。

用户登录并将自己的榜单公开后，系统为该公开榜单生成一个永久有效的共享链接地址，用户可以随时共享和传播该地址，其他普通用户也可以通过该地址查看该公开榜单内的信息。

□ 百度指数的价值。

百度的使命是让人们最便捷地获取信息，找到所求。互联网上的信息爆炸已经让人们迷失方向，越来越多的用户迫切需要从海量的信息中发现和挖掘有价值的知识。百度指数将这个过程变得简单并且可以依赖。

□ 怎样才能成为百度指数用户？

想要注册成为百度指数用户，需要获得百度指数邀请信。如果收到了邀请信，点击邀请信中的注册链接即可申请注册。注册完成后即可享受百度指数的全部贵宾服务。

□ 非百度指数账号如何开通指数权限？

如果已经拥有了一个百度账号，并且想开通百度指数权限，则需要通过好友获得百度指数邀请信。

点击邀请信中的注册链接，登录并验证注册序列号。

如果未收到邀请信，但拥有16位注册序列号，则点击此处进行验证。

验证成功后，恭喜！你已经开通了百度指数权限，并成为尊贵的百度指数的用户了。

□ 什么是百度指数邀请信?

百度指数邀请信是申请成为百度指数用户的唯一渠道。邀请信有两种形式，即邮件或手机短信。你需要通过百度指数的注册用户给你发送邀请信，邀请信中包含一个独一无二的新用户注册链接和注册序列号。

● **百度指数高级使用技巧**

□ 关键词比较检索。

在多个关键词当中，用逗号将不同的关键词隔开，可以实现关键词数据的比较查询，并且曲线图上会用不同颜色的曲线加以区分。例如，可以检索"计算机，互联网"。目前，百度指数最多支持3个关键词的比较检索。

□ 关键词数据累加检索。

在多个关键词当中，利用加号将不同的关键词连接，可以实现不同的关键词数据相加。相加后的汇总数据作为一个组合关键词展现出来。例如，可以检索"百度+百度搜索"。利用这个功能，可以将若干个同义词数据相加。目前，百度指数最多支持5个关键词的累加检索。

□ 组合检索。

可以将"比较检索"和"累加检索"组合使用。例如，可以检索"计算机+电脑，互联网+网络"。

3.3.5 寻找关键词趋势的小窍门

□ 节日法。

□ 体育赛程法。

□ 游戏秘籍法。

□ 下载回放法。

- □ 热播影视动漫剧结局法。
- □ 导航类网站上的热门搜索，如图 3-4 所示。
- □ 搜索类网站提示的热门搜索。
- □ 大型网站首页新闻标题摘要。

甲型H1N1流感　五四青年节　更多 »

图 3-4　Hao123 首页热门关键词

这些关键词出现在榜单中的概率相当高。大家可以尝试一下，不过不作为权威验证出现。

3.4　什么是长尾关键词

长尾关键词是由所谓的长尾理论派生的 SEO 名词，是那些与网站内容有相关性的关键词。长尾关键词实际上就是核心关键词的一个延伸。

长尾关键词一般有以下 3 种形式。

- □ 对企业产品或者网站定位精准度高的词语。此类关键词针对一些有明确目标需求的搜索引擎引入用户，这类人群是对你所经营的网站产品有着明确认知程度的人群，但是这部分人群是网站流量的一小部分，占整体网站搜索引擎流量的 20%左右。
- □ 产品或者网站业务扩展出来的关键词。这是面向对你经营的网站或者产品有着模糊概念的访问人群设计的关键词，占整体网站搜索引擎流量的 30%左右。
- □ 即将有可能成为搜索用户使用并且找到网站的关键词。这类关键词可以理解为比较长尾关键词词语，可能是业务的周边产品的延伸词，或者是网站内容扩展出的相关词，占整体网站搜索引擎流量的 20%左右。

3.4.1　如何选择长尾关键词

1. 长尾关键词应该满足的几个基本条件

- □ 此关键词与你网站的内容有关。
- □ 选择的关键词必须是用户有可能来查询的词。
- □ 能满足用户要求。

2. 长尾关键词的选择可以通过以下几种途径

- 通过网站构思与网站业务相关的关键词。
- 通过竞争对手来寻找长尾关键词。
- 通过搜索引擎相关搜索来确定长尾关键词。

3.4.2 如何制作网站栏目

1. 分析关键词

分析一下网站的关键词都有哪些，需要考虑的是：某关键词在百度指数中是否过热或者过冷；查看某关键词在搜索的结果中竞争对手都有哪些，是否存在过强的竞争力；关键词是否与网站内容相符合等。

2. 分析哪些关键词能当作栏目来制作

当初步确定关键词后，下一步分析是否可以当作栏目去制作。比如，要做一个关于 SEO 的网站，那么“什么是 SEO”一词就很符合以上分析关键词的几个要点，每天也有很多人在搜索，竞争力也不大，并和网站的内容相符合，但“什么是 SEO”一词就不能作为网站的栏目。

3. 关键词之间是否有相同的意义

网站栏目不能有相同意义的关键词，比如，某网站的栏目是 SEO 技术、SEO 工具、SEO 培训、SEO 教程、SEO 知识、SEO 服务，那么这里的“SEO 技术”和“SEO 知识”就是有相同意思的关键词，两个栏目的关键词就不能同时作为栏目来制作。虽然“SEO 技术”和“SEO 知识”每天都有一定的人来搜索，竞争力也不大，并和网站的内容相符合，但是必须站在用户的角度去考虑栏目的制作。

3.4.3 如何制作网站专题

比起报纸，网站有着方便的后向整合和横向整合的优势。在网站中，新的文章好比新闻中的由头，有了由头，新闻就有了存在的依据；有了最新进展的文章，就可以做专题了。

单篇文章都有着各自的侧重点，专题则能反映全貌，它强在历史感、纵深感以及横向比较，这是专题这一表现形式的存在依据。网站会比报刊更普遍地使用专题形式，因为网站组织维护专题成本低，而且快捷方便。一个选题够分量之后，专题编辑只需使用关键词，先在发布系统中查询相关文章，将其分类罗列，然后，做出该专题的时间表、人物表、矛盾表，如果有需要，再分类罗列站外相关文章的标题提要链接即可。

专题的特点在于多层次、多角度地报道一个新闻事件，但是，专题和文章一样不能没有主题侧重以及立场。能否在丰富的信息中做出专题的重点是衡量一个专题编辑能力的重要指标，能用他们的信息论证自己的观点、立场、主张更是专题编辑的新高度。

网站专题也是搜索引擎比较喜欢的内容，搜索引擎认为网站专题就是以一个关键词或一个事件来展开的相关内容，如果搜索者通过搜索引擎来搜索与专题相关的关键词，那么搜索引擎会很愿意把网站专题排到一个较好的搜索结果位置。

网站的专题只要合理地去排列关键词的密度，站在用户的角度去看网站，不是为了优化而优化，这样就不会引起搜索引擎的反感。

图3-5～图3-7是3个专题页面的例子。

- 图文-[NBA常规赛]雄鹿93-89山猫 华莱士对决阿联 1/7
- 图文-[NBA常规赛]雄鹿93-89山猫 易建联PK华莱士 1/7
- 图文-[NBA常规赛]雄鹿93-89山猫 易建联疯抢篮板 1/7
- 图文-[NBA常规赛]雄鹿93-89山猫 博格特左手勾手 1/7
- 图文-[NBA常规赛]雄鹿93-89山猫 威廉姆斯送妙传 1/7
- 图文-[NBA常规赛]雄鹿93-89山猫 易建联羞辱卡罗尔 1/7
- 图文-[NBA常规赛]雄鹿93-89山猫 博格特以一敌三 1/7
- 图文-[NBA常规赛]雄鹿93-89山猫 费尔顿强打博格特 1/7
- 图文-[NBA常规赛]雄鹿93-89山猫 易建联观察敌情 1/7
- 图文-[NBA常规赛]雄鹿93-89山猫 易建联篮下受困 1/7
- 图文-[NBA常规赛]雄鹿93-89山猫 易建联篮下肉搏 1/7
- 图文-[NBA常规赛]雄鹿93-89山猫 费尔顿空袭博格特 1/7
- 图文-[NBA常规赛]雄鹿93-89山猫 贝尔受困三秒区 1/7
- 图文-[NBA常规赛]雄鹿93-89山猫 费尔顿篮下出手 1/7
- 图文-[NBA常规赛]雄鹿93-89山猫 易建联志在必得 1/7
- 图文-[NBA常规赛]雄鹿93-89山猫 博格特上演勾手 1/7
- 图文-[NBA常规赛]雄鹿VS山猫 卡罗尔禁区内挑篮 1/7
- 图文-[NBA常规赛]雄鹿VS山猫 阿联展示骇人弹跳 1/7
- 图文-[NBA常规赛]雄鹿VS山猫 易建联篮下遭封盖 1/7
- 图文-[NBA常规赛]雄鹿VS山猫 华莱士单挑博格特 1/7

图3-5 新浪网NBA专题部分截图

第一章 互联网草根革命时期的技术

- 2007-08-18 第一章 互联网草根革命时期的技术11
- 2007-08-18 第一章 互联网草根革命时期的技术10
- 2007-08-18 第一章 互联网草根革命时期的技术9
- 2007-08-18 第一章 互联网草根革命时期的技术8(图)
- 2007-08-18 第一章 互联网草根革命时期的技术7
- 2007-08-18 第一章 互联网草根革命时期的技术6
- 2007-08-18 第一章 互联网草根革命时期的技术5
- 2007-08-18 《互联网草根革命》前言
- 2007-08-18 第一章 互联网草根革命时期的技术4(图)
- 2007-08-18 第一章 互联网草根革命时期的技术3(图)
- 2007-08-18 第一章 互联网草根革命时期的技术2
- 2007-08-18 第一章 互联网草根革命时期的技术1

第二章 互联网草根革命的商务模式

- 2007-08-18 第二章 互联网草根革命的商务模式14
- 2007-08-18 第二章 互联网草根革命的商务模式13
- 2007-08-18 第二章 互联网草根革命的商务模式12
- 2007-08-18 第二章 互联网草根革命的商务模式11
- 2007-08-18 第二章 互联网草根革命的商务模式10
- 2007-08-18 第二章 互联网草根革命的商务模式9
- 2007-08-18 第二章 互联网草根革命的商务模式8
- 2007-08-18 第二章 互联网草根革命的商务模式7
- 2007-08-18 第二章 互联网草根革命的商务模式6
- 2007-08-18 第二章 互联网草根革命的商务模式5
- 2007-08-18 第二章 互联网草根革命的商务模式4
- 2007-08-18 第二章 互联网草根革命的商务模式3
- 2007-08-18 第二章 互联网草根革命的商务模式2(图)
- 2007-08-18 第二章 互联网草根革命的商务模式1

图 3-6 站长网专题部分截图

- 一部好剧比金矿还来钱 《康熙王朝》赚了1个亿 (01/12/31)
- 《康熙王朝》昨日播完 《康熙微服私访记》还有戏... (01/12/29
- 蓉城观众实话实说 《康熙王朝》落幕获评90分 (01/12/29)
- 46集电视剧《康熙王朝》(37集-46集)剧情介绍 (01/12/25)
- 忠实追看热情评说 观众对《康熙王朝》褒贬不一(... (01/12/24)
- “朱三太子”谈《康熙王朝》 导演瞧上他的大胡子 (01/12/22)
- 《康熙王朝》热播 “宝日龙梅”原属许晴 (01/12/22)
- 清兵攻入大明皇宫? 《康熙王朝》被指有硬伤(附... (01/12/22)
- 2001年热门电视剧回顾(6)--古装大戏《康熙王朝》 (01/12/20)
- 《康熙王朝》赢利500万元 制片人刘大印成A级纳税... (01/12/19
- 韩磊喝“干红”找感觉 录制《康熙王朝》主题歌 (01/12/18)
- 在台收视率创新高 《康熙王朝》火爆港台 (01/12/17)
- 四十六集电视连续剧《康熙王朝》(13-24集)剧情介... (01/12/16
- 四十六集电视连续剧《康熙帝国》(1-12集)剧情介... (01/12/16)

图 3-7 《康熙王朝》专题截图

可以说明的是，搜索引擎喜欢网站专题，只要合理地运用关键词去制作网站专题，就大可不必为会受到搜索引擎的惩罚而担心。

第4章　内容策略

搜索引擎的价值在于给用户提供一种方便、快捷、准确的网络信息服务。这样一个宗旨不止一次被提到，由此可以看出端倪。用户使用搜索引擎是希望通过它获得更多的信息。如果网站原创极少，将一篇文章转来转去，或者制作所谓的伪原创的话，搜索引擎就会搜索到大量的雷同页面，搜索引擎设立的初衷就会偏离用户的视线。所以，在搜索引擎设计算法的过程中，就涵盖了关于原创内容页面抓取的相关技术。

都说搜索引擎内容为王，除了需要原创之外，内容还能带给我们什么呢？

4.1 内容的价值

内容是一种交流，内容的质量不仅取决于交流了什么和交流的方式，也取决于交流的对象。了解内容的组成和质量，了解交流对象，才能达到一种认知，即做内容是给用户看的，是希望通过内容让用户达到一种交流后的行为效果——认同或者产生销售。

1. 了解内容——本质产生表象，表象蕴含本质

- 字母组成了有意义的单词。
- 单词组成了有意义的句子。
- 句子又组成了有意义的书面文字。
- 像素形成的图片帮助理解，避免了线形的单调。
- 好的页面布局使吸收信息变得简单。
- 合理的站点分布使意识的流向变得清晰。
- 广告和资源起到了链接和维持的作用。

2. 了解内容的质量——内容的质量如何评判

● 谷歌对网站内容的说明

向访问者提供他们要查找的信息。在网页上提供高品质的内容，尤其是主页，这是你要做的最重要的工作。如果你的网页包含有用的信息，其内容就可以吸引许多访问者并使网站管理员乐于链接到你的网站。要创建实用且信息丰富的网站，网页文字应清晰准确地表述要传达的主题。想一想，访问者会使用哪些字词来查找你的网页，然后尽量在网站上使用这些字词。

● 百度对网站内容的说明

创造属于你自己的独特内容。百度更喜欢独特的原创内容，所以，如果你的站点内容只是从各处采集复制的页面，很可能不会被百度收录。

另外，雅虎和搜狗等中文搜索引擎也说明它们对原创独特内容的喜好。

设定网站内容的方法如下。

□ 让网站具备清楚的阶层和文字链接。每个网页至少能由一个静态文字链接开启。

□ 提供网站地图给使用者，并在其中加入指向网站重要部分的链接。

□ 建立实用和含有丰富资讯的网站，且在撰写网页内容时能清楚正确地描述内容。

□ 想想看使用者会使用哪些字词寻找网页，并确保网站确实将那些字词纳入。

□ 尝试以文字取代图片来显示重要的名称、内容或链接。搜索检索器无法辨识在图片中所包含的文字。

□ 确认 SEO 前 Title 标记和 Alt 属性被明确描述且正确无误。

□ 检查是否有无效链接以及 HTML 的正确性。

□ 如果决定使用动态网页（即包含“?”字元的 URL），注意并非每个搜索引擎的自动寻检程式都能检索动态和静态网页。最好将参数保持简短并减少数量。

□ 将单一网页上的链接数量保持在合理范围内（少于 100）。

3. 了解交流对象——产生认同和销售产品

目前 SEO 中的内容优化在搜索结果中仍是维持高性能表现的一个传统战略。一旦完成关键词研究，就能获得标准数据，建立监管网站搜索相关位置和定向词汇以及词组的表现形式，建立评估内容优化目标的方法，它需要时间来决定网络内容如何与定向词汇和词组相匹配。

推动网站搜索相关流量达到高水平并不是最重要的，内容优化使点击和访问成为用户的行动愿望和转化为交易才是最为重要的。

一些重要的因素包括但不限于以下几个方面。

- 网站导航。
- 网站结构。
- H1 标签。
- 段落或正文。
- 内部链接。

优化大型的、上下文关联的多元化网站，或是一个小型的、不常见的内容时，它不会出现问题。在网站内容的不同部分，都有不同主题。因此，分析每个网站的内容，可以创造发现每个网页独特性的机会。

4.1.1 怎样让内容更受欢迎

欢迎度高的页面才能留得住用户，从而实现被认可或者产生销售的目的。如何让内容受到欢迎呢？

1. 分享性

内容要与网站总体定格有关，也就是网络主打的是什么。我们身边有很多地方站的站长，地方站说起来也算是地方门户，当然需要很多内容。网络访问的对象直接决定了所要发布的内容。网站给访客的第一个感觉就是分享性。要决定站上的内容与哪些人去分享，确定了分享的对象，就等于有了内容方向。

2. 交流性

当确定了分享性的内容之后，还离不开网站的交流互动环节，也就是如何把网站的游客与会员的积极性和主动性调动起来。这种交流互动对于做论坛与 SNS 之类的网站就更加重要了。如果论坛只有发帖，没有回帖，那时间长了会慢慢失去人气。组织一些线上或线下的活动，可以有利于提高网站的交流度，比如说网络改版了，可以举行有奖谈网络改版之类的活动。因为网站需要有活力，不能只发内容，有人看就行了，还需要有一批忠实的网络访客与会员，甚至是网站运营的得力助手，他们的心声会指引内容的方向。

3．互助性

网站除了做好分享与交流之外，最好能实现互助性功能。某个地方小论坛，有一位新会员发帖寻找走失的家人。当时论坛管理员第一时间发现了，将此帖全站固顶。当时他也没有在意很多，只是认为很有必要，尽管论坛一天地方固定访问者也才300多人，结果没有想到的是，论坛里的一个会员竟然帮这位新会员找到了亲人。新会员为了感谢论坛，请新闻媒体对此事进行了报道，结果论坛火了。此例只是为了说明互助的效果，查询类网站会有固定的访问，是因为互助性很强。

4.1.2 怎样让内容被转载更多

互联网是一个开放的网络环境，在这样的环境下，原创作品很容易被别人发现并关注，有一些人还会对原创作品进行修改和加工，转载编辑一番。很多人认为这样被别的网站转载自己的原创作品是不好的，尤其是很多网站都不写来源和作者名称的时候，这种抵触情绪会持续增强。其实客观地说，自己网站的原创作品被转载是一件不错的事。

想要做成功一个网站，让用户浏览内容是一方面，如果能让用户自觉地去转载内容，则对网站的宣传就又提升了一个层次。

搜索引擎注重网站内容的抓取时间，例如互联网上的相同内容，搜索引擎会判断哪些是内容源，即这篇文章最先出现在哪个网站，搜索引擎就会认为这个网站是内容源头网站。当不止一篇文章首发于某个网站时，假设是上百篇，搜索引擎就会认为这个网站在业界很有影响力，其他网站都在关注它，便会给予这个网站比其他网站较高的权重和排名。

很多网站都不希望内容被转载，其实这是错误的，内容被转载得越多，证明这个网站越有价值，内容的质量也越高。假如这篇文章中出现公司的产品和公司的名称等内容，被转载就等同于做免费的广告。

通常转载内容的网站都会加入文章来源，有的网站还会加入转载的网址，这在无形中增加了网站的品牌影响力，同时获得了较多的外部链接。

链接则是对自己网站的一个投票，也是对转载文章网站的认可，不过这是在注明署名及来源网站的时候，如图 4-1 所示。

包含12篇相同新闻

网上流传紧俏火车票购买"偏方" 新华网上海频道 10:35
节奏快，不少人日常生活涉及范围有限，所选择的购票点大多还是选择在离家不远的火车票代售点，但事实上，各个火车票代售点的购票人数也冷热不均。昨天，一则《火车票冷购处》的帖子悄然发布到一白领网站论坛上后，让不少还没有买到火车票的旅客如同见到了"新大陆"。 这则帖子反映，在南京路 ...

网上流传紧俏火车票购买偏方 有一定实用操作性 新浪上海 09:54
随着春节日渐临近，一些还没有买到火车票的旅客越发着急起来，记者注意到，就在此时，一些购票"偏方"已开始在各大网站、论坛流传开来。昨日，记者随机走访调查发现，这些"偏方"有一定的实用性。 【"偏方"1】 趋冷避热找"冷门"窗口 由于都市节奏快，不少人日常生活涉及范围有限，所选 ...

网上流传紧俏火车票购买偏方 有一定实用操作性 半岛网 09:50
随着春节日渐临近，一些还没有买到火车票的旅客越发着急起来，记者注意到，就在此时，一些购票"偏方"已开始在各大网站、论坛流传开来。昨日，记者随机走访调查发现，这些"偏方"有一定的实用性。 【"偏方"1】 趋冷避热找"冷门"窗口 由于都市节奏快，不少人日常生活涉及范围有限，所选 ...

网上流传紧俏火车票购买的实用性"偏方" 长江网 09:35
由于都市节奏快，不少人日常生活涉及范围有限，所选择的购票点大多还是选择在离家不远的火车票代售点，但事实上，各个火车票代售点的购票人数也冷热不均。昨天，一则《火车票冷购处》的帖子悄然发布到一白领网站论坛上后，让不少还没有买到火车票

图 4-1　一篇被多家网站转载的新闻

4.1.3　内容要与网站主题协调

网民通过搜索查找网站肯定是有针对性的，如果网站内容名不副实，从用户角度来说是非常反感的，严重影响用户体验，不过标题党除外。

很多专业性强的网站通常流量比较小，这时各种获得高流量的方法就由此而出。比如一家金融类的网站，在金融方面的内容已经做得足够多、足够全了，但流量、全国排名等数据依然不理想，这家金融网站就想方设法提高流量，最后看准了娱乐内容，在网站上开了个娱乐频道。这种做法虽然在流量上得到很大的提升，因为关注娱乐比关注金融的人要多很多，但从专业性和流量质量上来讲，使得网站的效果适得其反。本来是金融网站，加再多的娱乐内容，也很难让用户将注意力转移到娱乐上。金融的内容访问量小，但专注性强，相关性高，加入娱乐内容，给用户一种错乱的感觉，使得品牌性降低。另外，访问量小所需的服务器负载较低，娱乐内容流量相当大，随着流量的增加，各方面的保障措施都得跟上，比如说空间、带宽等。

互联网发展的规模越来越大，内容越来越多，在相当多的内容面前，

用户想要的不是以前的大而全，专而精才是用户的需求。如果网站的内容与主题不协调，搜索引擎也不认为这是一个好的网站。通常搜索是考虑到用户的心理开发的，娱乐内容出现在了金融网站，用户必然反感。相对杂乱的内容对搜索引擎也不够友好，搜索引擎更喜欢专业性强的网站。

娱乐内容出现在金融网站上，两者间的相关性很差，虽然搜索引擎和人不一样，还不能直接理解词与文章的意思，但搜索引擎可以掌握词与词之间、文章与文章之间的关系，判断出这些内容是否相关。举个例子，科技频道的多数文章会出现"电脑"和"计算机"这两个词，搜索引擎就会认为出现"电脑"的文章和出现"计算机"的文章是相关的，出现娱乐方面的内容与出现金融方面的内容通常是不相关的，这样往往导致排名不好的情况发生。

标题党是为了吸引人们来关注而设定的相对关注度高的标题。网络上存在相当数量的标题党文章，被用户认为是一种哭笑不得的欺骗。

4.1.4 内容需要定期更新

内容的持续更新是网站得以生存与发展的最基本条件，是网站的根本，无论用户还是搜索引擎，均不可能对一个长期不更新的网站投入过多的关注，抛弃这类"死站"或"准死站"只是一个时间问题。内容更新的频率代表着网站的活跃度，同时，内容更新的频率越高，也往往意味着网站内容越丰富，这对于建立网站在行业内的权威性是相当重要的。

在 SEO 中，网站的更新是策略问题。搜索引擎 spider 对一个网站的爬行周期会因该站点的信息更新频率而改变，如果该网站的内容更新频率快，则搜索引擎 spider 就会经常光顾这个站点，爬行也勤快多了；反之，如果站点长时间不更新的话，搜索引擎 spider 也就来得少了。

搜索引擎 spider 到网站上来是为了带回新的信息，如果它经常光临你的站点，一旦有新的网页发布，它就会很及时地把该页面的信息捕获到搜索引擎数据库中，这就意味着搜索引擎收录了新页面。所以，经常更新网站信息是有助于提高搜索引擎对站点页面的索引效率的。

当然，如果能每天给自己的站点更新内容，那是最好的做法。如果没有太多的信息可以更新，可以加一些排行榜等区域，每天根据用户的访问多少自动更新排行中的位置，让搜索引擎看起来网站是变化的。

网站被最后抓取的时间在图 4-2 中示出（最后一行）。

石家庄都市网 - 河北石家庄人的门户网站
石家庄都市网是河北石家庄地方型门户网站,都市网包括石家庄新闻资讯,分类信息,生活黄页,健康百科,交流论坛等频道,为河北石家庄网民提供优质服务。...
www.sjzcity.com/ 57K 2008-1-19 - 百度快照

图 4-2　搜索引擎最后来访时间

在图 4-2 所示的百度搜索结果中，最后一行是搜索引擎最近对网页更新的日期，一般它会滞后于我们查看搜索结果的当天日期。可以使用 site:yourdomain 命令（domain 部分要替换成自己的去掉 www 后的域名形式）来连续几天跟踪站点网页搜索结果日期的变化，找出那些搜索结果日期连续几天都刷新的页面。一般来说，网站的首页和频道及栏目首页的日期刷新频率较快，一旦网站有新的页面发布，在这些日期刷新较快的页面上做新页面的文本链接，有助于搜索引擎快速收录这些新页面。

一个网站如果一次性发布上万个页面，这是不合乎正常更新速度的，很容易引起搜索引擎的怀疑。谷歌的搜索引擎反作弊工程师 Matt Cutts 认为，上万个网页同时上线不一定有问题，但绝大多数情况下都是可疑的。所以要是真有这么多的页面，最好尝试慢慢逐渐发布，几十几百地上线，这样可能不会引起搜索引擎的不正常判断。

4.2　内容的制作

在“内容为王”的宗旨下，如何做内容，又有哪些技巧呢？

4.2.1　如何制作原创内容

原创内容主要指一手的并且从未发表过的内容。原创内容是最受搜索引擎欢迎的，但是获得原创内容是很困难的事情。原创内容不要只针对搜索引擎来写作，而忘了人本身，你应该从头到尾都清楚，创作内容是为了给人看的。

如果搜索得到高的排名是因为你在追赶搜索引擎，而没有以人为本地写作，可能不会得到任何人的点击和最终的转化。

此外，我们写出的文案应该有气势、富有趣味并且以行动为导向。文字必须帮助访客完成他们的工作，这样才能得到转化。

- 写作的时候将关键词牢记在心，尽量早、尽量多地使用它们：在标题上，并且贯穿整个文案。但不要走到贯穿的极端，使关键词看起来像是被自动地从其他语言翻译过来的。
- 在网页上保持有力的关键词密度——最好的网页通常在 1 000 个词之内。短的网页有助于转化。
- 文笔要多变。正文中使用关键词的变化能够帮助排名以及转化。因为搜索者每次搜索的时候不会使用完全相同的关键词，在文章中点缀一些单数和复数形式，变化动词时态，并且使用不同的词序，这些方法能够帮助你的网页在无论搜索者输入什么类型搜索请求的情况下都被发现。
- 多样化的写作还会避免出现呆板、重复等，代表着不专业的搜索优化的趋势。因为你的写作很容易阅读，你将吸引更多的链接到你的网页，并能更高地转化你的站点。
- 考虑位置。搜索引擎趋向于将搜索者的位置纳入到考虑的范畴之内。如果你是本地的公司，要确保将所有你所在地名字的变化嵌入到你的文章里，因此搜索引擎知道你在哪里。搜索引擎正在不断地试图将本地的搜索者与本地的组织相匹配。
- 考虑本地。对于全球性营销人员来说，将网页翻译成本地语言会危及你的搜索营销。不要满足于正确的翻译——你必须为每个国家和语言重新做一遍关键词研究以得到“正合适”的关键词。“正确的”和“正合适”关键词之间的差别可能会以很多的转化为代价。还要坚持让翻译注意同样的突出程度、密度以及其他在这里列出的写作技巧。
- 避免欺骗。保持准确性和真实性。

4.2.2 如何制作转载内容

如果觉得其他网站的内容不错，可以跟这些站点进行内容合作，一旦站点获得了他们的转载授权后，就可以使用他们的内容。目前大多数站点都采用这种内容创建形式。由于搜索引擎并不太喜欢这些被转载的内容，所以，应该尽可能转载那些并没有被大范围转载的内容。

复制内容最常见的手法便是转载。所谓复制内容，就是你撰写了一篇文章发布于自己网站的某个网页上，别人浏览到这个网页时，觉得这篇文章有价值，然后复制这篇文章粘贴到了他的网页上。

互联网的信息传播力是惊人的，优秀的网页信息内容往往会被复制得四处泛滥。那么，对于毫不知情的搜索用户来说，从诸多搜索结果中，如何区分哪一个网页才是真正原始信息的网页呢？

如果搜索引擎没有把承载了原始信息的网页优先呈现给搜索用户，而是反馈了大量复制原始信息的网页，这就违背了搜索引擎的基本原则。

一般来说，网页上的信息都是通过 HTML 语言标签标识过的，而复制内容的人大部分都是喜欢通过“Ctrl+C”和“Ctrl+V”来简单地完成复制、粘贴工作，这样一来，原作者精心排版过的内容很可能在简单的复制、粘贴过程中出现信息失真，这就是一种对读者极其不负责的做法。

例如，原作者可能会在原始网页的文章中导出了一些超级链接到相关参考网页上，如果在复制过程中丢失了这些链接信息，很可能会增加读者对文章信息的理解障碍。有些转载文章的人并不喜欢在转载的文末留下原始网页的 URL，如果原作者对文章内容进行了更正、修改和补充的话，读者也无法了解到更新的信息内容。而一些技术类的文档，包括举例源码、数据表格等内容，几经复制后已经完全丧失了信息的准确性，读者在阅读的时候不免留下诸多困惑。

此外，这种未经许可的不道德内容复制行为大大挫伤了原创作者的写作积极性。搜索引擎判断原始网页权威性的方法类似于科技论文中的引用机制：谁的论文被引用的次数多，谁就是权威。在理想状态下，应该是原始网页的排名始终高于转载网页，在这种理想状态达到之前，原始网页的权威性有可能受到损害，担心总是在所难免的。

需要注意的是，内容被转载不会在很大程度上影响原始网页的权威性的前提是内容的原创网站处于“正常状态”，即网站能保持正常的更新，不断添加具有一定质量的内容，同时，不断获得具有一定质量的反向链接。

只有这样，网站自身的权威性提高了，当网站被搜索引擎视为可信任的网站以后，原始网页受内容复制的负面影响便会越来越小。

1. 修改标题是关键

● **数字替换法**

比如某门户教育频道的一篇文章，标题是“备战高考作文：五招让你的文章‘亮’起来”，在修改标题的时候，就完全可以改为“备战高考作文：三招让你的文章‘亮’起来”。配合标题要做的，就是将文章中不起眼、不重要的两个特点删除。

● **词语替换法**

同样也可以这样修改，“备战高考作文：小技巧让你的文章‘亮’起来”，这样使得用户搜索“高考作文小技巧”等一些关键词时可以找到此篇文章。

● **文字排序法**

通过打乱顺序，让标题看起来更加不一样，如“高考作文备战：能让你的文章‘亮’起来的5种招式”，这样的顺序替换法，能让标题设置更加符合浏览者的思维习惯。

● **润色法**

例如，《十月××市场可以期待》这篇文章，可以说题目说出了主要的观点，但是不够丰满，可以换成《“金九”已过，“银十”依然值得期待》。解释一下：在很多行业都有“金九银十”一说，行业人都能看明白，在表达十月有个好的发展之外，还表明了十月是行业的黄金季节。题目在准确的同时，可以进行一定的加工，疑问、反问、对仗、比喻、拟人等都可以用，以便增加题目的冲击力，有了吸引人的题目你就成功了一半。

2. 标题内容要忠于原版

很多朋友在修改标题时，都想突出自己的原创，更大程度地让搜索引擎认为这是自己的文章，便将标题改得面目全非，这样的做法是不可取的。

标题中需要包含浏览本篇内容要看到的因素，比如一篇文章是介绍电影的，因为众多网站要发布此文章，这时标题既可以从演员的角度出发，也可以从剧情的角度出发去写，这样才不会造成标题的重复。

这里面提到的修改标题，要忠于原文，同时根据网站本身的特点，加入符合浏览者需求的特色。

4.2.3 利用别人的网站帮助自己

可以将自己的原创文章投向一些较大的网站，以提高自己及网站的受关注度。投稿的时候，一般要分析所投网站的类型，在这个网站上哪些文章类型及内容关注度高，做有的放矢的工作，随后再去写文章、做原创。

比如，在一个小说网站，投稿的文章内容为SEO的专业文章，想让别人收录是不可能的，当然大家也不会犯这么明显的错误。所以，希望在投稿的时候好好关注这个网站的核心内容，然后再动手去写。只有这样，才能达到利用别人的网站帮自己的网站提高关注度的目的。

4.2.4 如何让用户创造内容

除了自己去写文章、转载文章，还有个更好的方法，就是让用户去创造内容。在网络中，许多用户有强烈的写作交流欲望，这时可以通过增加网站的相关功能，让用户参与到网站的内容建设中来。

例如，不定期搞征文活动，可以设置一些奖项来增加用户的积极性；开设投稿接口，让用户通过接口把他们创作的内容提交到网站编辑人员那里。

除此之外，让网站升级为带有Web 2.0功能。Web 2.0的应用可以让人了解目前网络正在进行一种改变——从一系列网站到一个成熟的为最终用户提供网络应用的服务平台。Web 2.0表现的社会性网络的技术包括博客（Blog）、播客（Podcasting）、BT、移动博客、P2P、社交网络（SNS）、RSS、博采（Blogmark）、超文本（wiki）、标签（TAG）等。Web 2.0概念的网站最大的特征就是网站的内容由用户来创造。

4.2.5 如何进行内容的编辑与处理

网站的内容编辑工作，不仅仅是复制、粘贴那么简单。编辑这个职位就说明了这个岗位肯定要存在编辑的工作内容。做原创、采集文章，都需要细心来做。

原创文章中，要注意在编辑中突出一些与网站相关的重点词、文章中的文字隐藏链接，但是最重要的是内容要够漂亮、够精彩。

1. 采集的文章如何处理

伪原创，即对原来的标题进行修改，编写简洁明了的摘要，重新修改文章部分内容，做一些简单的页面优化等，这些被视为细节性的工作必不可少。

编辑网站内容的时候，我们就是一个网站运营者，这是作为网络编辑的最高境界。编辑的工作不仅仅是负责内容而已，除了网站发布内容之外，还有网站策划、网站优化、网站推广、网站盈利和网站诊断等诸多工作，也就是网络编辑做到一定程度就是一个网站运营者。做过网络编辑的工作就会知道哪些内容是用户感兴趣的，哪些内容是商家感兴趣的，哪些内容是推广网站的有效方式。网络编辑是网络运营中的前锋，网站内容直接决定着一个网站的未来发展。

2. 如何编辑内容

- **取个好标题**

取个好标题尤为重要。即使你的网站内容与其他的网站内容一样，网站标题千万不要一样，不然，你可以去各大门户，尽管他们的新闻内容都一样，但标题肯定不会一模一样。所以采集过来的文章标题一定要修改，考虑到访客的需求，可以增加一些抢眼的词，但不是标题党的做法。

- **写个好摘要**

摘要最好不要默认为第一段的内容。尽可能花点时间去写总结性或提示性的内容，这也是做好伪原创的内容的前提。如果真的不想写的话，那也没关系，因为百度现在的标题权重比摘要大*N*倍。

这里推荐一款比较实用的过滤代码转化符号的软件——文本整理器V3.0绿色版。它可以自动空行，转化不规则的半角、全角，以及不统一的字符。编辑可以对小标题进行加粗加色，对图片进行Alt描述，适当对文章进行分页，以及增加相关性文章推荐，这些做起来比较费时间，但对优化很有好处，同样对访客也是不错的浏览体验，甚至会有阅读兴趣。

3. 编辑好的内容如何优化

● 关联

在文章最终页可以增加相关文章推荐、热门文章推荐，以及整站的特色内容，它们是以图文的形式相结合的。这样可以增加整站的内容相互链接，但是尽可能不要用 JS 调用一些文章性内容，因为百度搜索引擎抓不到 JS 的内容。

● 细心

网站优化不是简单的 SEO，还包括用户体验度、内容的关联度等诸多内容。我们应该每个月给自己制订一个网站内容计划、制定目标，具体到每天要更新多少内容，达到什么样的效果。同时还要注意一些细节上的优化。

● 反馈

网络编辑的内容有多少人关注，有多少流量，这就需要引入流量的反馈度概念。这个反馈度将决定着内容的定向，利用它分析内容没有人看的原因，之后这些让人不感兴趣的内容就要尽量避免。同时，做网站不要太在意搜索引擎的收录，应该多在内容上下功夫，尽可能让用户形成黏性，这样，流量持续上升就比较容易。

第5章 链接策略

搜索引擎希望收录它们认为受大众欢迎的网站，并以获得链接[①]的数量作为一个重要参数。搜索引擎对链接非常关注是因为搜索引擎本身就是人们编辑出来的搜索程序，链接就是模仿人们看待网站之间的关系，通过这个关系来了解一个又一个网站的信息。同时它们也努力判断什么样的网站是优秀的。因此，想当然地认为一个网站如果好的话，就一定有许多其他网站主动链接它——这只能说是部分正确的推理。

5.1 链接的重要性与普遍性

链接对网站访问者非常有益，它免去了访问者再去进行相关信息搜索的工作。如果互联网的高速路没有链接，信息是孤立的，结果就是我们什么都得不到。但是，现在人们说到链接，早已经不是纯粹地为了给一个网站提供多种信息通道——链接的初衷。

链接是通过超文字来实现的。在一个网站内部，许多网页需要互相串联在一起，组成一个完整的信息站点。这是因为一张网页是根本不能承载所有信息的，所以需要分成一个主页和各个分页。另一方面，一个网站很难做到面面俱到，因此链接别的网站，将其他网站所能补充的信息嫁接过来是一种自然的需要。但是，自从搜索引擎给予链接高度的重视之后，链接就失去了初衷，更多地成为网站试图来提高自己在搜索引擎（比如谷歌

① 链接也称超级链接，是指从一个网页指向一个目标的链接关系，这个目标可以是另一个网页，也可以是相同网页上的不同位置，还可以是一个图片、一个电子邮件地址、一个文件，甚至是一个应用程序。而在一个网页中用来超级链接的对象，可以是一段文本或者是一个图片。当浏览者点击已经链接的文字或图片后，链接目标将显示在浏览器上，并且根据目标的类型来打开或运行。

的 PageRank 值里）价值的手段。人们一直以为，谷歌的 PageRank 是谷歌给网站搜索结果排名的众多考虑的标准之一，它用于衡量一个网页的质量等级。

谷歌认为，受到众人链接的网站应该是不错的网站，要不怎么这么多人喜欢链接它呢？这个想法固然不错，但是网站站主不再是自然链接相关网站，为读者提供补充的信息，而是受到刺激拼命增加链接数量，以增强网页的质量等级。这样，链接数量越多，PageRank 值就有可能越高，特别是链接的都是 PageRank 值相对较高的网站。

虽然现在谷歌的 PageRank 值与搜索排名的关系并不密切，增加链接不能影响到排名的高低，但是链接的多少依然是谷歌考虑的上百条排名标准中的一个。所以，链接依然是 SEO 中的一个重要工作。然而，链接的正确实现，会影响到一个网站的表现，因此需要格外小心。

5.1.1 链接和 SEO 的关系

搜索引擎认为，内容差的网站很难吸引别的网站来主动链接。这样，一个网站被链接得越多，就意味着越受欢迎。但是，搜索引擎对各个链接的衡量也是按照链接网站的质量来定的，而不是一概而论，质量比数量更具有分量。如果你的网站某一页被新浪或者搜狐网站链接了，这个链接的质量是普通链接的好多倍。

5.1.2 链接需要普遍性

链接的普遍性也就是常说的广泛性，是其他网站对链接到你网站的质量和数量的衡量，是搜索引擎根据网页自身的因素（On-page-factors）来评定一个站点的好坏从而决定是否转移到网页之外因素（Off-page-factors）的一个指标。之所以产生链接衡量这个标准，是因为搜索引擎评定一个网站的方法是记载该网站在互联网中受欢迎的程度和名望。

增强链接普遍性的有益做法如下。

- 网站主页要和下属页做好链接，以便搜索引擎可以将主要的链接普遍性地传递给下属页。

□ 写好链接的源头文字，使得每个被链接的网页都具有主题连贯性。

□ 从 PageRank 值比较高的网站获取链接。

□ 单向导入链接比双向导入链接得到的帮助大。

□ 尽量提交到重要导航目录网站，比如雅虎 Directory 和 Open Directory Project（ODP，又写作 DMOZ）。

□ 不要参与所谓的互惠链接，否则很容易招致搜索引擎的惩罚。

□ 不要使用一站多域名的做法来获取链接，否则容易引起索引泛滥，招致降权。

5.1.3 链接直接影响 PageRank 值

链接的作用对谷歌的 PageRank 具有帮助，甚至有直接的影响。如果你的网站的 PageRank 是 0，当有一个 PageRank 是 6 的网站链接到你，那么你的 PageRank 很有可能上升到 3 或者是 4，这就是 PageRank 的传递。虽然不是绝对会发生，但这是一个链接对 PageRank 具有影响的例子。不过，PageRank 只是衡量网站质量的一个指标。如果建立链接纯粹是为了追求 PageRank 而不把精力放在开发网站的内容上，便是舍本逐末了。

大家都知道外部链接对网站排名的重要性，同时也建议不要忽略了站内链接的作用。

外部链接大部分情况下是不好控制的，而且要经过很长时间的积累，内部链接却完全在自己的控制之下。下面列几个优化站内链接的经验。

1. 建立网站地图

如果有可能，最好给网站建一个完整的网站地图（Sitemap）。同时把网站地图的链接放在首页，使搜索引擎能很方便地发现和抓取所有网页。

有不少 CMS 系统并不自动生成网站地图，可能需要加一些插件。对大型的网站来说，可以把网站地图分成几个文件，每个文件里不要放太多网页。

2. 网页的深度保持3～4层

对一个中小型网站来说，要确保从首页出发，4 次点击之内就要达到任何一个网页，当然如果在 3 次点击之内更好。配合网站地图的使用，做到这一点应该不成问题。

大家可以计算一下，4 次点击至少可以有几百万个网页，所以对一般网站应该是可以适用的。

3. 尽量使用文字导航

网站的导航系统最好使用文字链接。有的网站喜欢用图片或者 JS 下拉菜单等，但 SEO 效果最好的是文字链接，使搜索引擎可以顺利抓取，而且通过链接文字可以了解这些栏目页的具体内容。

如果为了美观不得不使用图片或者 JS，至少在网站底部或者网站地图中应该有所有栏目的文字链接。

4. 链接文字

网站导航中的链接文字应该准确描述栏目的内容，自然而然地在链接文字中就会有关键词，但是也不要在这里堆砌关键词。

在网页正文中提到其他网页内容的时候，可以自然而然地使用关键词链接到其他网页。反向链接中的关键词也是排名的重要因素之一，在自己的站内有完全的控制权。

只要有好的网站整体结构，整个网站的 PageRank 传递应该是很均匀的，首页最高，栏目页次之，内容页再次之。但有的时候可以通过网页的链接影响 PageRank 和重要性的传递，使某一页或某几页的 PageRank 值和重要性升高，这几页也是重点要推的网页。

5. 网页的互相链接

以前说过网站的树型结构，不过要注意的是这种树型结构并不是说各个栏目下的文章页之间没有链接，恰恰相反，应该在不同栏目的网页中链接向其他栏目的相关网页。整个网站的结构看起来更像蜘蛛网，既有由栏目组成的主脉，又有网页之间的适当链接。

5.1.4 检查死链接的工具软件

死链接又称无效链接，即那些不可达到的链接。

以下的情况下会出现死链接：动态链接在数据库不再支持的条件下，变成死链接；某个文件或网页移动了位置，导致指向它的链接变成死链接；网页内容更新并换成其他的链接，原来的链接变成死链接；网站服务器设置错误，也就是说看似一个正常的网页链接，但点击后不能打开相对应的网页页面。

1. 在线检查死链接

通过 http://tool.20ju.com/checkurl.aspx 可在线检查死链接。

2. Xenu Link Sleuth

Xenu Link Sleuth 也许是你所见过的最小但功能最强大的检查网站死链接的软件。你可以打开一个本地网页文件来检查它的链接，也可以输入任何网址来检查。它可以分别列出网站的活链接以及死链接，连转向链接都分析得一清二楚；它支持多线程，可以把检查结果存储成文本文件或网页文件。同时 1.2j 版本更添加了查看谷歌快照、Alexa 排名以及 Wayback Machine 的历史收录等功能。

3. HTML Link Validator

网页链接检查程序可帮你做 ftp://和 http://链接检查，看看是否有无法链接的内容。

4. Web Link Validator

Web Link Validator 用输入网址的方式来测试网络链接是否正常，你可以给出任一个存在的网络链接，像软件文件、HTML 文件、图形文件等都可以。站内链接的合理建造是 SEO 的重要技术之一。它的优化能使网站整体获得搜索引擎的价值认可。特别是百度，如果网站把站内链接做得足够好，能大大提升关键词在搜索引擎中的排名，使得网站能够很好地推销出去。

对于站内链接：

- 不要用 Flash。
- 不要 ongoing 图片。
- 不要用 JS 调用，它是对搜索引擎很不友好的一种表现。
- 不要加特殊符号。

5.2 站内链接

一个网站的内部链接设置不合理的话，那么搜索引擎 spider 就很难在你的网站更深入地爬行，这样不但收录得不到增加，而且还会减少搜索引擎的友好度。

5.2.1 如何看待站内链接

站内链接的合理建造是 SEO 的重要技术之一。它的优化能使网站整体获得搜索引擎的价值认可，特别是百度。如果网站把站内链接做得足够好，能大大提升关键词在搜索引擎中的排名，使得网站能很好地推销出去，被用户更多地点击浏览。

5.2.2 制作网站导航

网站导航主要是网站的栏目导航，出现在网站顶部位置，引导用户更方便快捷地到达相关频道或者栏目。

比如新浪网站首页，顶部出现的导航一般为频道导航。进入某个频道后，则应出现此频道的栏目导航，如图 5-1 和图 5-2 所示。

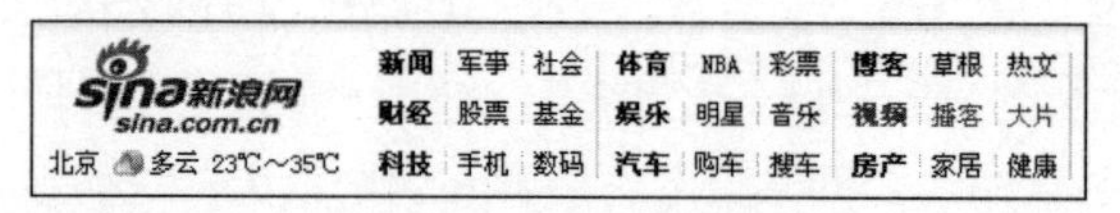

图 5-1 新浪网首页网站导航

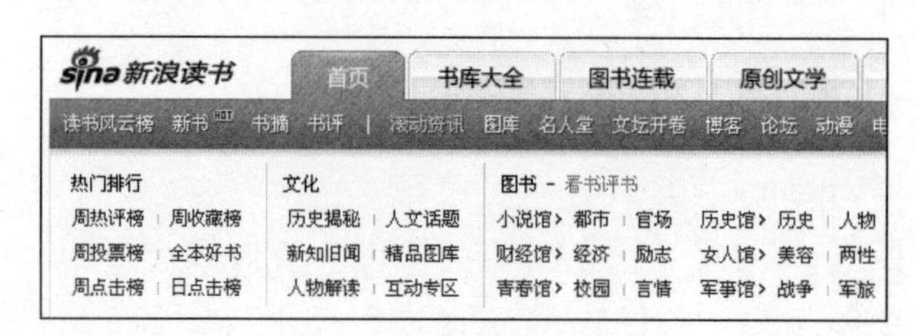

图 5-2 新浪读书频道网站导航

网站导航对一个网站来说尤为重要，下面讲一下设计网站导航要注意的事项。

□ 网站导航链接是搜索引擎 spider 向下爬行的重要线路，也是保证网站频道之间互通的桥梁，使用文字链接为首选。

□ 千万不要使用嵌入JS文件的方式实现网站导航，如果用搜索引擎spider模拟爬行工具来检测“爬行”到的URL，那么网站导航中的链接对于搜索引擎来说根本看不到，虽然这样更新起来比较容易，但对搜索引擎是极其不利的。

□ 同样建议不使用JS代码实现的下拉菜单，如果一定要使用的话，至少要确保鼠标划到导航区域的时候导航链接是一个文本链接，而且是可以点击的，同时，建议在网页底部增加一个包含所有栏目的文字链接区域。

□ 如果使用图片作为网站导航链接，则要对图片进行优化，以图片链接指向页面的主要关键词作为Alt内容，另外在图片下搭配一个文字链接作为辅助，类似天极网的导航设计，如图5-3所示。

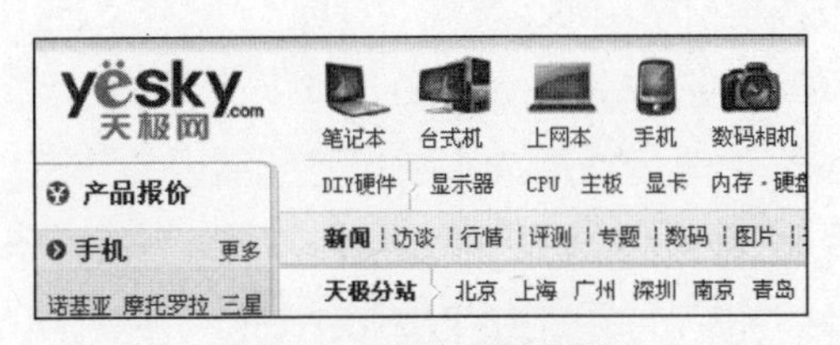

图5-3 天极网网站导航

□ 网站导航中的文字链接如何放置从UE（用户体验）角度来说是有一定讲究的，这跟网站频道的重要性或者说网站的特色有关，一般是重要的频道放置在开头。当然，可以对频道做一个感官方面的分类来加以区分；从SEO角度来说，频道名称的设想更是一个复杂的过程，它需要对频道内容做一个细致的了解并对该频道的主要关键词进行调研。

5.2.3 制作网站地图

网站地图又称站点地图，它就是一个页面，上面放置了网站上众多页面的链接。任何一个网站都可以从网站地图中获益，特别是那些页面数目超过10个的网站。大多数人都知道网站地图对于提高用户体验有好处：它为网站访问者指明方向，并帮助迷失的访问者找到他们想看的页面；而对于SEO来说，它还可以带来更多的好处。网站地图可以从以下多个方面提升网站的搜索引擎知名度。

□ 为搜索引擎 spider 提供可以浏览整个网站的链接。

□ 为搜索引擎 spider 提供一些链接——指向动态页面或者采用其他方法比较难以达到的页面。

□ 作为一种潜在的着陆页面，可以对搜索流量进行优化。

如果访问者试图访问网站所在域内某个并不存在的 URL，那么这个访问者就会被自动转到“无法找到文件（file not found）”错误页面，而网站地图可以作为该页面的“准”内容。

如果网站规模足够小，可以通过网站导航（在网站的每个页面上都提供导航功能）访问所有的页面，或者从首页上最多通过 2 次点击就完全可以到达网站的所有页面，那么就不需要网站地图。但如果网站规模较大，特别是包含了一些难以被搜索引擎 spider 发现的页面，这时强烈建议使用网站地图。

简单地讲，网站地图就是一个页面，其上放置了到网站上所有页面的链接。大多数 Web 冲浪者如果找不到自己所需要的信息或者站内搜索功能，可能会将网站地图作为最后一种补救措施。而当找到所需的信息之后，可能很快就会将其忘记。但是，如果 spider 访问了你的网站，它不但不会忘记所看到的内容，而且会喜欢上网站地图，并定期地再次造访。下面一些措施既可以“取悦”spider，又可以满足用户的需求。

如果网站地图包含了太多的链接，人们浏览的时候就会迷失。这就是说，如果网站所包含的页面总数超过 100 个的话，就需要挑选最重要的页面，而将其他的页面排除在外。建议挑选以下页面放到网站地图中去。

□ 产品分类页面。

□ 主要的产品页面。

□ FAQ 和帮助页面。

□ 联系信息页面或者请求信息页面。

□ 位于转化路径上的所有关键页面，访问者将从着陆页面出发，然后沿着这些页面实现转化。

□ 访问量最大的前 10 个页面。

□ 如果有站内搜索引擎，就挑选出从该搜索引擎出发点击次数最高的那些页面。

有些内容管理系统能够自动产生网站地图。但是与 SEO 的很多其他领域一样，以手动方式创建的形式更受喜欢。如果技术团队倾向于使用自动化生成，那么一定要仔细审核其结果，确保网站地图能够具备以下特性。

- □ 从人类的眼光来看，布局要简洁。
- □ 所有的链接都是标准的 HTML 文本，容易被 spider 跟随。
- □ 很容易找到重要的页面（前面的列表所列出的那些）。

这里并没有说应该将网站地图作为一个最高优先级着陆页面，但是如果布置得比较雅致，网站地图实际上可以包含相当多的目标关键词，更不要说那些引人注目的文字了。举例来说，不要简单地将某个链接的标签写作"杀菌剂"，网站地图还应该包含更多的关键词，如"有机杀菌剂祛除草坪病害"，将最重要的关键词"有机杀虫剂"作为描述文本。类似地，可以使用"无公害除草剂、杀虫剂和杀菌剂"来代替"我们的产品"作为标题。

用户一般会期望每个页面的底部都有一个指向网站地图的链接，网站应该充分考虑到人们的这一习惯。如果网站有一个搜索栏，那么可以在这个搜索栏的附近添加一个指向网站地图的链接，甚至可以在搜索结果页面的某个固定位置放置网站地图的链接。

关于网站地图，我们通常会用谷歌内的工具来为自己的网站添加标记或者提交网站地图。

对于百度来说，很多人都会用 robots.txt 文件编写相关的内容来代替网站地图。但是随着百度搜索平台测试版的推出，百度也可以实现网站地图的提交，或者添加元标记来达到读取网站地图的目的。

百度搜索开放平台在经过必要的申请、审核后，通过开放平台可以实现的特色功能有如下几点。

- □ 指定关键词，更精确、更直接地影响目标用户。
- □ 指定排序位置，更统一、更全面地展现内容。
- □ 指定样式，更丰富、更恰当地适应资源本身，不局限于文字。
- □ 指定更新频率，与百度搜索结果保持及时同步。

5.2.4 链接文字的重要性

链接源头文字英文称为 Anchor Text，它是一张网页中强调的一段文字，用来指明链向其他网页。点击这段文字，浏览器就调出这段文字后的目标，就是另外一张网页。链接是由 HTML 语言来编写的。

例如，<a href="http://www.sohu.com/">搜狐网</a>。

链接源头文字就是在<a>和</a>之间的那段“搜狐网”。这段文字就是上面解释的超文字（Hypertext）。在网页上，它呈现为搜狐网。

虽然源头文字不能直接告诉用户要链接网页的内容是什么，但它却给搜索引擎一种启示。这个启示的作用在于，它能用最简洁的语言告诉搜索引擎下面将有什么内容接上。这大大地节省和弱化了搜索引擎来判断后续内容的时间和复杂程度。不过，这里想象的是个理想状态，事实上，这个做法有太多的缺陷。一方面，太多搜索引擎搜索真正喜欢的网页没有这样进行链接；而另一方面，不想要的网页常常被一些投机者用虚拟的源头文字串联在一起来欺骗搜索引擎，而这种欺骗搜索引擎的行为是一种向搜索引擎中添加垃圾的行为，英文叫 Search Engine Spam。

真正负责的搜索引擎优化者不会去制造垃圾。随着谷歌等搜索引擎对垃圾链接过滤技术的提高和反制，制造垃圾链接不但无益而且会损害网站在搜索引擎中的地位，甚至受到惩罚。但是，许多 SEO 人却不清楚链接源头文字的作用，或者很随意地添加，如图 5-4 所示。

A. 企业开展**网络营销**之前必须要做网站策划方案
B. **企业开展网络营销**之前必须要做网站策划方案
C. 企业开展**网络营销之前必须要做**网站策划方案
D. 企业开展网络营销**之前必须要做**网站策划方案
E. **企业开展网络营销之前必须要做网站策划方案**

图 5-4　不同形式的链接源头文字

下面来看一下链接源头文字该怎样出现在句子中。

在 A 和 B 中使用的源头文字侧重强调“网络营销”这个关键词。在 A 中，搜索引擎在读到这句的时候，期盼的是在它链接的下一页中看到关于“网络营销”的介绍。在 B 中，搜索引擎期盼的是“开展网络营销”的内容，因为有了动词“开展”，所以下页内容将对开展进行描述。在 C 中，搜索引擎期盼的显然是“网络营销之前必须要做”的内容。在 D 中，源头文字没有说是“谁”之前必须要做，搜索引擎就似乎在期盼

“之前必须要做”这个事件。而在 E 中，所有文字都成为了源头文字。

由此看来，使用什么作为源头文字很有讲究，必须根据下一页的主题来决定源头文字的组成。在上面这个例子当中，关键记号是“企业”“网络营销”“网站策划”“方案”。

5.2.5 制作相关性链接

相关性链接没有一个具体的模式，可以将其视为一种策略，下面列出了相关性文章，如图 5-5 所示。同样可以列出相关性搜索结果。按照这样的思路，本类下的 Top10、点击排行、上一篇文章、下一篇文章同样可以成为相关性链接。

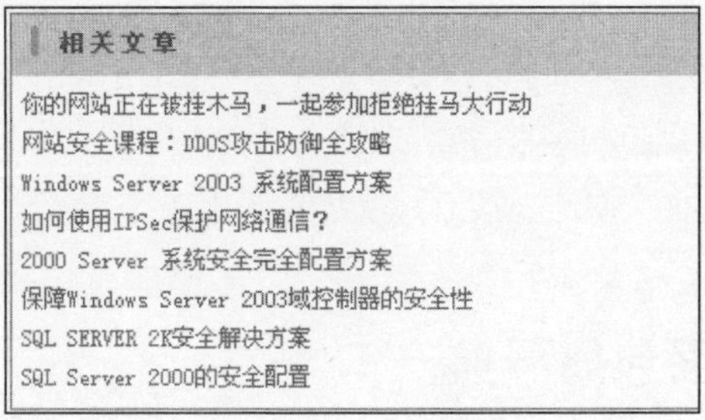

相关文章

你的网站正在被挂木马，一起参加拒绝挂马大行动
网站安全课程：DDOS攻击防御全攻略
Windows Server 2003 系统配置方案
如何使用IPSec保护网络通信？
2000 Server 系统安全完全配置方案
保障Windows Server 2003域控制器的安全性
SQL SERVER 2K安全解决方案
SQL Server 2000的安全配置

图 5-5　相关性链接

假如，用户浏览完一篇文章，文章内容结尾处又提供了相关文章，用户很可能通过相关文章进行深入挖掘，直到用户对该主题的兴趣消失，而这种方式可以使用户达到最大的满意度，因为内容是连续性的。

例如，某人对娱乐内容很感兴趣，经常去看最近上映电影内容的介绍，这时此人不仅对电影介绍感兴趣，肯定还会想知道这部电影在哪里可以看到，票价是多少，以及有关这部电影的更多信息。这时相关性链接的价值就体现出来了，可以在相关性链接里加上相关的链接，引导用户看到围绕这部电影的更多相关内容。

相关性链接不仅给当前页面增加了更多相关关键词，而且在一定程度上增加了相关内链，对于搜索引擎中排名的提升也是有效果的。

5.2.6 制作内文链接

这里所说的内文链接，即在文章的内容中出现的链接，如图 5-6 所示。为什么内文链接同样有价值呢？如果在这篇文章中出现较多的陌生术语，用户看不明白，这时应当将这个陌生术语链接到相应的页面。这样不单是为用户考虑，更重要的意义是对网站的文章页做了一个链接载体。如果这个网站的多数文章都有内文链接，将会形成一个非常复杂的内链网络，这样的优化传递，对于整个网站权重的提高都是大有好处的。

在金融危机的情况下，好多企业开始都转向互联网营销，通过创亿网站策划机构找到杨帆的企业也越来越多，杨帆在与企业交谈中发现他们在做网络营销策划的时候投放网络广告方面出现在很大的问题。每次都是投入和产出不成正比，而少数企业正开始怀疑网络。

不必怀疑网络，要怀疑只能怀疑你自己做好了没有。

如何才能做好呢？

网络推广讲究策略性、细节性和流程性。

图 5-6　网站里的内文链接

5.2.7 制作面包屑导航

在童话故事“汉泽尔和格雷特尔”中，当汉泽尔和格雷特尔穿过森林时，他们在沿途走过的地方都撒下了面包屑，让这些面包屑来帮助他们找到回家的路。虽然这只是一个童话故事，但它却蕴涵了多种含义。实际上，网站设计者亦可从中受到启发：结构纵深的网站应该采用这种“面包屑型”结构，以足迹的方式呈现用户走过的路径，或者说以层层渐进的方式呈现该网页在整个网站架构中所处的位置，从而为用户提供清晰分明的网站导航。

文章页的面包屑导航示例如图 5-7 所示。

您的位置：主页>新闻资讯>电子商务>阅读资讯：杨帆：如何做好企业电子商务网站策划？

图 5-7　面包屑导航

“面包屑型”架构使用户对他们所访问的此页与彼页在层次结构上的关系一目了然。这种网站结构最明显的特性体现莫过于返回导航功能。

返回导航不仅可改善网站的实用性，同时亦可提高网站对搜索引擎的友好性，对 SEO 具有重大的意义。网站的实用性对所有网站来说都是一个非常重要的考虑因素，但遗憾的是并不是所有网站设计者都能够明白这一点。而一旦这一点无法在网站设计中得以贯彻和体现，那么网站的整体性能就不能不让人担忧了。试想一下，无论访问者是通过搜索引擎还是其他链接进入了某个购物的网页，而这个网页中又没有提供我们所说的“面包屑型”返回导航，当访问者想回到上一层页面寻找其他类似产品时，只能通过浏览器里的 Back 功能原路返回。

但是如果有了“面包屑型”返回导航，情况就会变得大大不同。例如购物网页，当访问者对东西不够满意时，他就可以快速回到上一层或直接进入产品目录去寻找其他类似的页面或产品。这一点对搜索引擎来说也不例外。提供良好的返回导航链接可帮助搜索引擎更好地检索整个网站。此外，“面包屑型”导航链接中的链接文字还可以提升链接页的搜索引擎排名。

成功的网站是将主控制权交给网站的访问者，而不是抓着不放、企图控制访问者浏览的自由。若非如此，则网站显然丧失了对访问者的友好性。有些网站只有主页上有产品的内部页面链接，所以无论进入哪一个内部页面，若想再进入别的页面则必须先回到主页。这样的一个站点，又如何指望访问者来买他的产品或成为潜在客户呢？

网站的导航结构极为重要。应保证访问者能够通过主站点导航到达网站的每个主要页面，而一些次要的页面又可以通过访问这些主要的页面来进入，并提供返回上层页面的功能，但没必要把每个页面都放上网站的每个链接。这些规则虽然简单，但却不仅能为网站的实际访问者提供方便，还会为搜索引擎提供更好的体验。

除此之外，良好的网站导航还应对访问者“透明”，即访问者能够在网站中来去自如，但又无需经过层层的固定顺序。换言之，可使用平行或互动方式辅助网站导航的线性流程安排。

5.2.8 带你认识跳转链接

网站换域名、换程序等，都难免遇到网站跳转链接的问题，如果没有正确地得到解决，可能以前的努力都会付之一炬。

301 重定向是最有效的网页跳转方式，搜索引擎友好（Search Engine Friendly）。其实做一个 301 重定向很简单，而且重定向的目标页将继承转出页面的搜索引擎排名。如果需要修改网页名称或者转移网页路径，这是最安全的选择。对于搜索引擎的理解，“301”这个代码表示的是“永久转向”。

你可以测试自己网页转向的效果，搜索引擎友好的网页转向检查。

下面介绍一些网页重定向的方法。

1. IIS中的301重定向

□ 打开 Internet 信息服务，右键点击要跳转的文件夹或者文件，在弹出的快捷菜单中选择“属性”命令。

□ 在弹出的对话框中，找到“链接到资源时的内容来源”，选择“重定向到 URL”，在下面的文本框中输入要跳转到的页面。

□ 同时，将“客户端将定向到”下面的“资源的永久重定向”复选框选中。

□ 点击”应用”按钮。

ColdFusion 中 301 重定向

```
<.cfheader statuscode="301"statustext="Moved permanently">
<.cfheader name="Location" value="http://网址">
```

用 PHP 代码实现 301 重定向

```
<?
Header("HTTP/1.1 301 Moved Permanently" );
Header("Location:网址" );
?>
```

2. 用ASP代码实现301重定向

```
<%@ Language=VBScript %>
<%
Response.Status="301 Moved Permanently"
Response.AddHeader "Location", "网址"
%>
```

3. 用ASP .NET实现301重定向

```
<script runat="server">
private void Page_Load(object sender, System.EventArgs e)
{
Response.Status = "301 Moved Permanently";
Response.AddHeader("Location","网址");
}
</script>
```

从一个老域名转移到新域名（htaccess 重定向，只能在 Linux 服务器下使用，并且确定 Apache 开启了 Mod-Rewrite moduled）。

在网站根目录下建立一个包含下面代码的.htaccess 文件。

```
Options +FollowSymLinks
RewriteEngine on
RewriteRule (.*) 网址 [R=301,L]
```

把 yourdomain.com 重定向到网址（htaccess 重定向，只能在 Linux 服务器下使用，并且确定 Apache 开启了 Mod-Rewrite moduled）。

在网站根目录下建立一个包含下面代码的.htaccess 文件。

```
Options +FollowSymlinks
RewriteEngine on
Rewritecond %{http_host} ^domain.com [nc]
Rewriterule ^(.*)$ 网址[r=301,nc]
```

当服务器为 Windows 操作系统时就用 IIS 重定向，为 Linux 时用 htaccess。

5.2.9 带你认识隐藏链接

关于隐藏链接在 SEO 界一向都被认为是作弊的行为，也就是大家常说的“黑帽”SEO。

这里介绍几种隐藏链接的方法，不是为了让大家去作弊，而是为了更好地了解别人的 SEO 手法。

- 利用高度，即 height=1 这个代码，常人眼睛是看不出来的，但搜索引擎能爬到，一旦被搜索引擎发现，可能会被降权或者被K。

□ 将字体设为跟背景一样的颜色，这是最常见的一种方法。

□ style="DISPLAY:none"，用DIV+CSS控制内容使其不显示，但实际搜索引擎很容易识别。

5.3 站外链接

站外链接也称外链，它是互联网的血液。没有链接，信息都是孤立的。一个网站很难做得面面俱到，所以需要链接别的网站，这使得网站和其他资源相互补充自然成为一种需求，当这种需求无法在某个网站得到满足时，我们可以在搜索引擎门户网站得到更多了解、更多资讯。

引导搜索引擎spider来访时，外部链接的一个基础作用在于对某个网站的“信任”。所谓“信任”，指的是告诉搜索引擎对方网站值得去收录或者展示给网站用户，从而引导spider通过这些外部链接来访问。

在“信任”的基础上，外部链接通过描述文本来传递与关键词相关网站的主题价值，也就是所谓的PageRank。PageRank可能被用于评估彼此相关联的页面的价值，从而为其在搜索引擎结果页面安排一个值得“信任”的、合理的位置。

5.3.1 如何去做站外链接

专业SEO人员都知道，站外链接是获得网站PageRank值和排名权重的重要因素，特别是站外链接网站的质量和数量。所以很多人想方设法寻找站外链接。比如，1分钟注册用户名，进行发帖和留言带网站的链接，很快能换来几十个站外链接。但是为什么在做的时候，却往往发现结果和我们的预想不一致？如何去做好站外链接呢？

1. 网站单向链接

经常会有人说关键词排名比的就是资源，如果朋友有权重比较高的网站，可以给新站做单向链接，这样效果非常不错，这时就要靠你用其他工作来换单向链接。比如你去给某个网站更新文章，当免费的编辑，然后把文章内相关的关键词链到你的网站上，这样就可以得到单向的链接，对方也不用花钱请人做编辑。

2. 友情链接交换

友情链接交换大多数情况下都需要网站级别相同，如果网站 PageRank 为 0，即没流量，这样很难找到高质量链接。

执行建议：新站初期换几个被百度收录的新站即可。

3. 网摘、DIG、论坛签名等

网摘和 DIG 部分可以直接链接到网址，这个操作起来比较容易，但是因为工作比较多，所以也比较累。论坛签名比较典型的就是落伍签名，它不仅可以卖钱，而且它对收录很有效果。

执行建议：找几个大的、不是调转的网摘和 DIG，论坛选择那种帖子生成静态页面。

4. 软文

软文效果其实是最好的，既可以增加站外链接又可以宣传网站。

执行建议：在几个大的网站和论坛注册专栏账号，文章内容一定要考虑用户的感受，在几个大网站发布之后如果内容好自然就会被传播，自己可以手动转载到一些论坛里。

5. 留言论坛群发

收集一大批高质量博客而且留言链接没有加 nofollow 的，每天收到留言加链接，论坛同样。

执行建议：留言和顶帖的内容主要跟主题相关，这样才不会被删除。

6. 加网址站等目录

找一些网站导航免费收录，因为是单向链接，所以效果很好。

7. 购买文字链接

很多网站专门靠卖链接赚钱，所以本身 PageRank 高的页面因为多了很多不相关的导出链接使得效果也就一般。

执行建议：不要看 PageRank 高就买，要看一共卖了多少链接，卖了 10 个链接的 PageRank4 页面，不如一个买 3 个链接的 PageRank3 页面，同时还要看网站更新频率以及内容质量，独立的一个高 PageRank 页面并且不更新的效果会很差。

5.3.2 交换链接策略

网站之间的资源合作是互相推广的一种重要方法，其中最简单的合作方式为交换链接。它指在自己拥有一定营销资源的情况下通过合作达到共同发展的目的。

交换链接也称互惠链接、互换链接、友情链接等，是具有一定互补优势的网站之间的简单合作形式，即分别在自己的网站上放置对方网站的LOGO或网站名称，并设置对方网站的超级链接，使得用户可以从合作网站中发现自己的网站。

交换链接的作用主要表现在几个方面：获得访问量、增加用户浏览时的印象、增加在搜索引擎排名中的优势、通过合作网站的推荐增加访问者的可信度等。不过关于交换链接的效果，业内还有一些不同看法，有人认为网站可以从链接中获得的访问量非常少，也有人认为交换链接不仅可以获得潜在的品牌价值，还可以获得很多直接的访问量。

以下介绍建立交换链接的常见问题。

1. 链接数量

一般来说，可以多借鉴并参考一下和自己内容及规模都差不多的网站。对比网站，可以看到我们认为有必要做链接的网站都已经出现在自己的交换链接名单中，而且还有一些别人所没有的，但又是有价值的合作网站，那么就应该认为是很有成效的工作。不过，新的网站在不断出现，交换链接工作也就没有结束的时候，你的合作者名单也会越来越长，这是好现象。总之，没有绝对的数量标准，合作者的质量（访问量、相关度等）也是评价互换链接的重要参数。

2. 不同网站LOGO的风格及下载速度

交换链接有图片链接和文字链接两种主要方式，如果采用图片链接（通常为网站的LOGO），由于各网站的标志千差万别，即使规格可以统一（多为88像素×31像素），但是图片的格式、色彩等与自己网站的风格很难协调，这便影响网站的整体视觉效果。例如，有些图标是动画格式，有些是静态图片，有些画面跳动速度很快。将大量的图片放置在一起，往往给人眼花缭乱的感觉，而且并不是每个网站的LOGO都可以让访问者明白它所要表达的意思，这样不仅不能为被链接方带来预期的访问量，还会对自己的网站产生不良影响。

另外，首页放置过多的图片会影响下载速度，尤其在这些图片分别来自于不同的网站服务器时。因此，建议不要在网站首页放过多的图片链接，具体的数量和网站的布局有关，5幅以下应该不算太多，但无论什么情形，10幅以上不同风格的图片摆在一起，一定会让浏览者的眼睛感觉不舒服。

3. 回访友情链接伙伴的网站

同搜索引擎注册一样，交换链接一旦完成，也具有一定的相对稳定性。不过，还是需要做不定期检查，也就是回访交换链接伙伴的网站，看对方的网站是否正常运行，自己的网站是否被取消或出现错误链接，或者因为对方网页改版、URL指向转移等原因，是否会将自己的网址链接错误。因为交换链接通常出现在网站的首页上，错误的或者无效的链接对自己网站的质量有较大的负面影响。

如果发现对方遗漏链接或其他情况，应该及时与对方联系。如果某些网站因为关闭等原因无法打开，在一段时间内仍然不能恢复，应考虑暂时取消那些失效的链接。不过，可以备份相关资料，也许对方的问题解决后会和你联系，要求恢复交换链接。

同样的道理，为合作伙伴的利益着想，当自己的网站有什么重大改变，或者认为不再合适作为交换链接时，也应该及时通知对方。

4. 不要链接无关的网站

也许你会收到一些不相干的网站要求交换链接的信件，不要以为链接的网站数量越多越好，无关的链接对自己的网站没有什么正面效果。相反，大量无关的或者低水平网站的链接，将降低那些高质量网站对你的信任，同时，访问者也会将你的网站视为素质低下或者不够专业，这样会严重影响网站的声誉。

5. 无效的链接

谁也不喜欢自己的网站存在很多无效的链接，但是，实际上很多网站都不同程度地存在这种问题。即使网站内部链接都没有问题，也很难保证链接到外部的网站同样没有问题。链接网站也许经过改版、关闭等原因，原来的路径已经不再有效，而对于访问者来说，所有的问题都是网站的问题，他们并不去分析对方的网站是否已经关闭或者发生了其他问题。因此，每隔一定的周期对网站链接进行系统性的检查是很必要的。

此外，新网站每天都在诞生，交换链接的任务也就没有终结的时候。当然，在很多情况下，都是新网站主动提出合作的请求，对这些网站进行严格的考查，从中选择适合自己的网站，将合作伙伴的队伍不断壮大和丰富，对绝大多数网站来说，都是一笔巨大的财富。

同时，也要注意以下问题。

□ 对方的网站在链接我方网站时，应该要求对方网站在链接文本中加入关键词。这一点大多数从事 SEO 的人都知道。

□ 不交换对方网站 PageRank 小于 x 的友情链接，x 代表网站的实际情况。假如你的网站自身 PageRank 只有 1，则不太可能要求对方网站的 PageRank 要必须大于 3，这样很难得到链接。网站的 PageRank 值可以通过谷歌工具条查询。有一点要注意的是要看清楚对方网站是否使用了 PageRank 劫持，或者是一个新站但是 PageRank 很高。新站 PageRank 高一般说明这个域名是已经存在的，很可能过一段时间 PageRank 值就会降低。

□ 不交换被搜索引擎惩罚的网站。使用 site:domain.com 根据收录情况可查询对方网站是否被惩罚，如果数量极少或者为 0，则不交换。

□ 不交换没有被搜索引擎收录的网站链接。使用 site:domain.com 根据收录情况可查询对方网站是否被收录，如果数量极少或者为 0，则不交换。

□ 对方网站的内容应该与你的网站内容有较高的相关性。

□ 对方网站的导出链接（Outgoing Links：这里可简单理解为对方网站的友情链接数量）数量不能过多，例如上百个则没有太大的意义，如图 5-8 所示。当然，我们还应该看对方网站的 PageRank 值来综合参考，假如对方网站的 PageRank 是 10，即使有几十个链接对你来说也不吃亏。

□ 尽量避免与直接竞争对手交换链接。试问：你愿意提高竞争对手的搜索引擎排名或者愿意给竞争对手的网站带去流量吗？

□ 避免与加入链接工厂的网站交换链接。谷歌的 webmasters center 很明确地说明，与加入链接工厂的网站这种恶邻居交换链接会给你带来不利的影响。

图 5-8　网站友情链接数过百

□　对方网站应经常保持更新。即使对方网站的 PageRank 值不高，但是经常保持更新也会对你的网站带来帮助的。

□　不交换使用 JS 等跳转方式的网站链接。JS 跳转所产生的链接是搜索引擎无法抓取的，也就是说，虽然对方网站添加了你的网站链接，但是并不能被搜索引擎发现。

□　不交换使用 nofollow 属性的链接，即 rel = “nofollow”。如果链接加入 nofollow 属性，那么这个链接对你网站权重的提升没有丝毫帮助。

5.3.3　登录分类目录策略

1. 为什么登录分类目录如此重要（本节以DMOZ为例）

网站被 ODP（即开放式分类目录搜索系统，是目前网上最大的人工编制的分类检索系统）收录后，一般两周到几个月后会在共同使用 ODP 数据库的合作伙伴网站上列出，如 AOL Search、DirectHit、HotBot、谷歌、Lycos、Netscape Search 等。ODP 每周对数据更新一次，但是合作伙伴有其自己的更新规则。

你只需要向 DMOZ 提交登录申请，一旦网站登录成功，不仅可以得到 DMOZ 站点导出的链接，而且会获得数目可观的 ODP 数据库合作伙伴网站指向你网站的链接。这些导出链接的站点都是被搜索引擎认为权威和可信任的，因此这样的外部链接对于你的站点来说是相当具有价值的。

虽然成功登录 DMOZ 并非一件很容易的事，但鉴于其对站点能带来高质量的外部链接，很多网站管理员锲而不舍地向 DMOZ 提交自己的网站登录申请。

2. DMOZ开放目录登录实战攻略

第一步：认真阅读 DMOZ 的登录建议。

DMOZ 官方网站对提交登录申请的站点有严格的要求，应确保你的网站与其要求遵循的规则相符合。DMOZ 的具体网站登录要求如下。

□ 不要加入镜像网站。

□ 不要提交一个只包括你已经提交过的与其他网站一样或类似内容的网站。多次提交同样或类似的网站可能会导致这些与你有关的网站被删除或不让登录。

□ 不要试图伪装你的提交记录或多次提交同一个条目。例如：http://www.dmoz.org 和 http://www.dmoz.org/index.html。

□ 不要提交一个转向另一个网址的网站。

开放目录有一个政策就是反对网站含有非法内容。非法内容的例子包括含有儿童色情、诽谤、侵犯任何一种知识产权、具体主张教唆等非法行为（如欺诈与暴力）。

□ 不要提交一个正在建设中的网站。

□ 提交非英文网站，请到 World 类别下找到合适的子类别。

□ 不要提交含有大量相关链接的网站。

第二步：检查你的站点是否已经被收录。

在开放目录的首页（www.dmoz.org）查找将要提交的网站是否已被收录，这将节省双方的时间。如果你的站点内容确实十分优秀，一旦 DMOZ 的编辑们发现了它或者是互联网用户向 DMOZ 网站推荐了它，DMOZ 会主动收录的。

第三步：选择合适的分类提交网站。

开放目录中的分类十分繁多，建议仔细选择一个最恰当的目录进行提交，在不当或无关目录下提交网站会被拒绝或移除。选择一个合适的目录提交站点，有助于提高站点的登录效率。注意，有些目录没有“加入 URL”或“更新 URL”的提示链接，那么说明这些目录不接受提交，可以另选其他相关目录进行提交。

第四步：认真填写网站的登录信息。

如果已经选择好了一个合适的目录，可以到该目录下，点击网页界面上方的“加入 URL”超级链接，然后按照提示步骤顺序完成提交。

在提交网页界面填写网站描述信息的时候，确保针对网站的描述内容应该简明、准确，不可夸大其词。一旦 DMOZ 编辑发现所提交网站含有非客观的描述，该网站将被延迟或拒绝收录。

另外，有些网站管理员通过某些软件自动向 DMOZ 提交登录请求。这里特别说明的是，自动提交的网站在收录后若被删除，该网站管理员将不会得到任何提示通知。

3. 一些对你有帮助的建议

提交后，DMOZ 的编辑会复查你的网站以决定是否对其最后收录。决定是否被 DMOZ 收录的因素很多，因此一个网站从提交到审核的过程一般需要几周或更长的时间。

每次向 DMOZ 登录网站的时候只能提交一个 URL，对相同的或相关的网站多次提交可能导致拒收或删除。另外，也不建议对相同的 URL 进行多次提交。

如果所提交的网站 3 个星期后仍没有被 DMOZ 网站显示出来，可尝试再次提交或向负责提交目录的编辑人员发送邮件了解情况。

找到网站收录下的目录，填写“更新 URL”表格，可对已收录网站或网页的标题、描述等进行更改。若要更改网站所在目录，可向编辑发出邮件阐明修改理由。

5.3.4 登录网址导航策略

网址导航即我们所说的网址大全，它是中文网络界非常好的一个产品，是中国互联网的一个创新。这是因为，有一大批“懒人”，他们希望更少地敲击键盘，只需点点鼠标，就能轻松到达想去的网站。这些用户通常是接触网络不久的网民，更多原因是他们不会使用搜索，不知道搜索什么关键词能找到合适的网站，使得网络中出现了网址导航之类的网站。

推广网站最好的办法，就是网站被这些网址导航免费收录，对于访问量大的网址导航，要收取一定的费用。

Hao123 网址导航网如图 5-9 所示。

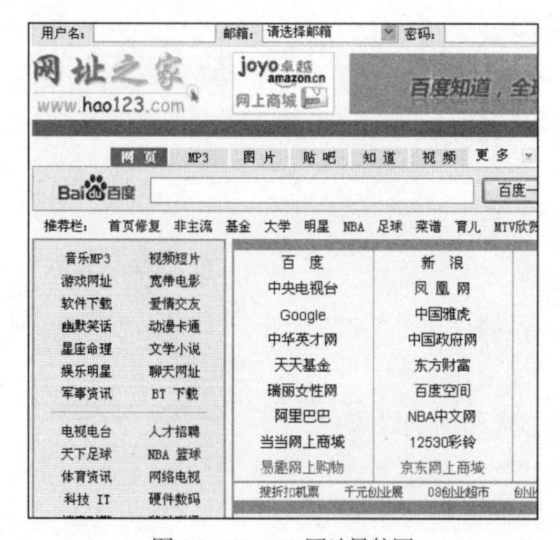

图 5-9　Hao123 网址导航网

1. Hao123网址之家

Hao123（如图 5-9 所示）是中国个人网站史上一个永恒的传说：一个个人网站可以做到进入全世界排名前 100 名，最后让百度以 5 000 万元收购！这直接刺激了中国个人网站的风生水起，也使中国一夜之间出现了无数的网址导航站。

Hao123 被百度收购后，因为经营策略和市场竞争的加剧，访问量有所下降，但用户数额依然巨大，许多的个人网站到现在还是以能被 Hao123 收录为荣，因为那会带来实实在在的流量。

2. 265

265 用实力打造了自己的传奇，在 Alexa 世界排名排第 96 位，曾经超过了 Hao123。毫无疑问，265 是继 Hao123 之后最成功的网址导航站。自网络疯传 265 获得千万元级别的风险投资之后，265 的站长蔡文胜一夜之间成了中国千千万万个人网站站长的偶像。从此，265 成了众人抄袭的目标。

265 自获得风险投资之后，开始加快了向大而全方面发展的步伐。2007 年 7 月，谷歌收购导航网站 265，金额超过外界传言的 2 000 万美元。

3. 5566

5566号称中国最早的专业网址网站，首创一行4个无介绍的网址排列格式，传说当年Hao123的成功也是从它上面得来的灵感。5566在Alexa的排名约为1 000名，日访问量约为46万IP。

5566存在的时间较长，可能很多人都会记得它的存在，但因为创新不够，而且不是每个人都会喜欢它的布局，所以在发展上没有超越Hao123。

5566以蓝色为主调，它的布局完全不同于Hao123和265，喜欢的人用着也是一种享受。

4. 广捷居

广捷居号称渝版Hao123，创始人郭吉军职高毕业，当过钳工，后来辞职搞个人网站，可以做到年收入60万元，这本身就是一个不朽的传说。最终广捷居修成正果，被人以190万元收购。

郭吉军极善于抓住机遇，靠寻找市场热点抢注通用网址，利用通用网址的这种中文"一对一"直达功能，令网站访问量激增，很快郭吉军的网站访问量进入了个人网站的全球400强，随之而来的是每年60万元的收入。

广捷居以绿色为主调，布局简洁实用，且开通了众多热门的频道，如彩铃、笑话、免费电影和QQ表情等。

在众多的网址导航中，自己的网站要想被它们收录通常是先加入它们的链接，如果不确定网站是否能被收录，可以先发一封邮件问一下，因为许多是小站点或个人站点，也许要等很久的时间才能得到回复，收录到相关目录，有的也许会不收录。

5.3.5 制作站群策略

针对SEO初学者来说，站群是一个比较复杂的东西。那么什么叫站群呢？大家可以留意一下，当你在搜索某一个关键词时，发现第一页的前几个站公司名称都是一样的，而且这些网站互相链接，那么这就是站群。一般将两个以上网站组成的群体，利用SEO，使网站在某个或者多个关键词中排名靠前，这就出现了站群的效果。

用站群做优化通常是SEO人常做的事情，用老站带新站，思路正确，权重从老站上传递到新站。友情链接也就是这个道理，但是站群链接同友情链接的区别就是搜索引擎对此持有的态度不同，友情链接可以增加网站的权重，提升网站的排名，站群也可以，甚至效果更好，在这一点上二者区别不大。但是搜索引擎对待站群却是欲杀之而后快，这是因为站群在大部分时间里是在制造无用的搜索引擎垃圾，并且会造成链接的链入链出过于集中，搜索引擎容易将其判断为链接工厂。

站群优化可以说毫无技术和技巧性可言，只要掌握如下规则即可。

- 尽量隐蔽站群。
- 站群之间不要交叉链接。
- 网站内容要有所不同。
- 站群不要选用同一机房空间。

5.3.6 购买链接策略

搜索引擎没有出现时，互联网上就出现了购买文字或图片广告链接的行为，这是一种最原始的网站推广方式。

以谷歌为代表的第二代基于分析的网页搜索引擎出现后，有人通过购买大量高 PageRank 值网站的链接，使自己的网站排名能在短时期内获得提升。搜索引擎非常不欢迎这种行为，因为这有失网站排名的公平性，一旦那些有链接买卖的网站被发现，搜索引擎会对其做相应的惩罚，诸如降权或者从其数据库中删除网站数据。

其实，合理地购买链接是可以避免被搜索引擎惩罚的。在购买链接的过程中要注意以下几点。

- 购买的链接应该来自专业权威站点。
- 购买链接的网站应该具有独特的原创内容并且经常有内容更新。
- 注重链接质量，而不是数量。
- 购买链接应该是一种阶段性规划行为，不可在短时间内给你的网站购买大量链接。

推荐站长网论坛的链接买卖板块，即 http://bbs.admin5.com/forum-289-1.html。

5.3.7 链接诱饵策略

链接诱饵（Link Baiting）是一种很巧妙地获取外部链接的做法，近几年引起 SEO 技术爱好者和从业人员的广泛关注。链接诱饵的页面往往具有吸引大家眼球的内容，因此执行施放诱饵的人必须有很高的创意策划能力。合理规划的链接诱饵页面，能够让网站获得数量极其庞大的反向链接，这不仅可以提高网站的曝光度和访问量，更重要的是，这些链接是自然获得的，而且具有较强的文本相关性，能够有效地提高网站的链接广度，从而提高网站在搜索引擎中的排名。

以下介绍制造链接诱饵的 10 种方法。

1. 网络软文

在网络软文里面插入链接是目前很多 SEO、推广人员、站长等的选择。因为软文在推广的时候大部分不会被判为纯广告而被编辑、管理员删掉。但需要注意的是，插入的链接不要太多。有的文章直接转型成了广告，这样被广泛转载的概率大大降低，还有就是软文的核心内容要用户喜欢，别人都写的老掉牙的东西再写就要被判为“火星”了。

2. 征文活动

如果你不会写软文可以征文，花少量的钱买链接诱饵。在“全民皆博”的 Web 2.0 时代，征文难度应该不是很大。不过建议如果不是特殊情况，不要在 SEO、站长、网络推广之类的网站征文，因为你要做好准备听到诸如“你又不安心做站了”“这么点奖金”“没听过举办方”之类的评论。

3. 导出链接

你如果不能通过征文来打动站长、SEO 人，那你可以通过导出链接的方法。原因很简单，因为他们都有查站外链接的习惯。而你要做的是暂时导出（如果你确实觉得网站值得单向导出链接，那就长期导出），但不保证长期免费链接。这同时是在给自己做无形的广告。而当客户找到你的站点并发现你的站点确实不错的时候，链接的机会就来了。

4. 公益赞助

给一些公益组织网站赞助费用，他们会为你的爱心做链接的，而当同样有爱心的人经常发现你的赞助链接时，他们也会觉得你这个网站是值得尊敬的。于是你的单向导入链接开始不局限于那些被赞助的公益网站了。

5. 免费工具

如果有时间或有能力可以制作一个简单实用的免费工具，这样不仅在下载站点时可以获得链接，而且你的工具升级将吸引访问者继续来你的网站，久而久之他厌倦了百度以及对下载网站的搜索，就会来找你的更新版本，直接把你的网站加入书签或自己的博客收藏在链接里。同理，还有博客模板、开源程序模板等工具。

6. 赠送礼品

为什么“6位免费”“QQ、免费Q币”那么火热？因为网民喜欢免费的东西，所以你需要的是花少量的资金送点小礼品，但不是一次发完，而是定期的发放，于是为了能够第一时间抢到，访问者会频繁地光顾你的网站。而且当你发放的时候，他们不断在QQ上的好友群、论坛、博客上进行宣传，然后大量的链接蜂拥而至。

7. 新闻资讯

浏览新闻是中国网民主要的互联网应用方式，而且搜索引擎对新闻的抓取频率高，传播速度快。所以你要做的是，发觉行业内的新闻，第一时间报道。如果你没有新闻权，那就第一时间评论，别忘了插入链接，加“首发”之类的字样，然后向递交了搜索新闻协议的网站发送（百度指数旁边可以看到递交了新闻协议的网站）。

8. 炒作八卦

没有什么比互联网娱乐八卦更强大的链接诱饵了。互联网造就了一代又一代网络红人，但别人是看红人，我们要研究的是链接诱饵。你可以搜集明星或网络红人的资料写一篇分析报告，也可以搜集明星或网络红人的照片或视频进行专辑整理。

9. 病毒营销

在销售产品的时候注明“每买一件商品，你将捐献一分钱给希望工程”，然后通过推介、CPA、网站联盟等类似阿里妈妈的模式进行病毒营销，宣传的重心当然不是阿里妈妈的推荐网站，而是捐钱给希望工程。

10. 知识链接

百度知道、新浪 IASK、SOSO 问问、雅虎知识堂等的火爆一部分反映的是人们对知识的需求，还有一部分就是人们对新鲜陌生名词的了解欲望。就如同本文涉及的“链接诱饵”“Matt Cutts”“火星”等。当然你需要做的是做好迎接准备，把诱导词做到搜索结果第一位，如果你选的词第一位已经被学科性网页代替，那说明选词存在着问题。然后你要做的是把这些贡献给百度百科等 wiki 网站，并进行集中的整理精选 FAQ 集，然后再以知识性总结，如本文形式的“××的 10 种方法”传播出去。

那么对链接诱饵应如何看待?

事实上，从链接诱饵现身之初起，便有人提出质疑：建立一个目标旨在捕获链接的网页，是否有“黑帽”SEO 的嫌疑？这个问题要从两方面来看。

首先，从一般意义上说，链接诱饵本身并不存在任何问题，与早期的网站建设包括 SEO 策略相比并没有任何出格之处。即使诱饵链接主要目的是得到链接，也要通过身边用户提供独有的、有价值的内容或信息来实现，这是链接诱饵成功的基础，同样，这也是网站建设成功的基础。

其次，是否“黑帽”也取决于在链接诱饵上的研究要走多远。如果过分沉溺于链接诱饵，比如说滥用有目的性的攻击方法，为了得到链接不惜恶意攻击他人，恐怕就偏离了 SEO 的正确轨道。当然，链接诱饵在吸引眼球方面也许同样有效，就像娱乐圈的恶炒一样。

像谷歌搜索引擎反作弊工程师 Matt Cutts 在“SEO Advice：Linkbait and Linkbaiting”中指出的那样，链接诱饵本身并不具有先天上的负面内涵，而是取决于网站建设者如何应用，如同很多 SEO 技术与策略一样。

第6章 数据监测与分析

如何评估网站的工作业绩？如何评估网站的价值？如何评估网站的潜力？如何评估网站的收入？如何布置不同阶段的工作重点？这些需要每天关注我们的数据，对数据进行全面分析与统筹。

6.1 网站流量数据统计与分析

在现实生活中，是人与人打交道。在互联网上，就是网站与网站打交道：它们有的内部链接通畅，有的外部链接多；有的互动性差，有的互动性好；有的口碑好，有的口碑差，所以形成了不同的品牌形象。

网站的关系，成为组成网站流量（traffic）的重要因素。相关的因素有网站页面数量、内容更新数量、核心内容更新数量、二级栏目数量、搜索引擎收录页面数量、外部链接数量、合作网站数量和质量、合作媒体数量和质量、媒体报导数量、谷歌 PageRank 值、Alexa 排名及变化曲线、重点关键词自然排名等。

网站流量：通常所说的网站流量是指网站的访问量，用来描述访问一个网站的用户数量以及用户所浏览的网页数量等指标。常用的统计指标包括网站的独立用户数量、总用户数量（含重复访问者）、网页浏览数量、每个用户的页面浏览数量、用户在网站的平均停留时间等。

现在很多流量统计系统都为网站提供了网站流量的动态信息。分析网站流量日志可以熟知访问者浏览网站的方式，寻找用户行为的线索。通过分析用户行为资料，可以调整网站，使其更好地为客户服务，以便增加收益。

通常网站流量的参数有搜索引擎来源、搜索关键词、来路、访问者系统、访问者浏览器、访问者语言、访问者时区、访问者 IP 头、访问者地区、访问者访问次数、浏览深度、入口、页面浏览明细、每日单独访问者数量、每小时单独访问者数量、总访问数、首次访问者数量、重复访问者数量、每日重复访问者数量、每个访问者的平均页面浏览数、每个访问者的平均访问数、平均访问时间长度、该日内每小时平均页面访问数、该日内每小时平均单独访问者数量、该日内每小时平均访问数、周月分析等。

网站互动性的参数有在线人数、会员登录人数、注册会员数量（会员构成比例）、会员增长率、有效会员数量、每天发布信息数量、在线反馈（留言）数量、来电询问数量等。

6.1.1 什么是网站流量数据统计分析

通常所说的网站流量就是指网站的访问量，通俗一点说就是用户浏览页面的数量，常用的统计指标包括网站的独立用户数量、用户在网站的平均停留时间等。

常用网站流量统计指标包括网站独立用户数量、总用户数量（含重复者）、网页浏览数量、每个用户的页面浏览数量、用户在网站的平均停留时间等。

1. 网站流量统计分析

网站流量统计分析是指在获得网站访问量基本数据的情况下，对有关数据进行统计、分析，以了解网站当前的访问效果和访问用户行为并发现当前网络营销活动中存在的问题，为进一步修正或重新制定网络营销策略提供依据。

2. 怎样分析自己的网站

进入统计后台，如图 6-1 所示，会看到今日详情、昨日详情、前日详情等。

进入今日详情后第一个就是访问量，它能够全面地统计后面的搜索引擎，这样就可以看到今天是哪个搜索引擎进了自己的网站。接下来就是关键词，通过它可以看到主要是什么词进了自己的网站，这样可以看到网址是自己输入的还是从搜索引擎来的。还有就是通过“回头客”和浏览深度也可以看到用户是第几次来，从而进行具体分析。

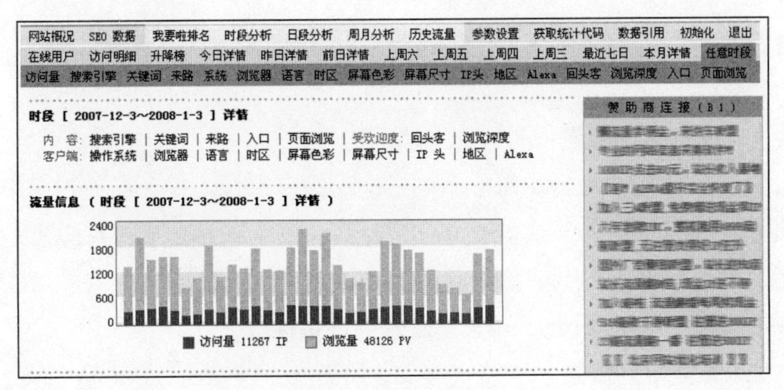

图 6-1　51.la 统计后台

转换率用来衡量网站内容对访问者的吸引程度以及网站的宣传效果。计算方式：转换率=进行了相应动作的访问量/总访问量。

回访者比率用来衡量网站内容对访问者的吸引程度和网站的实用性，你的网站是否有令人感兴趣的内容，从而使访问者再次回到你的网站。计算方式：回访者比率=回访者数/独立访问者数。

积极访问者比率用来衡量有多少访问者是由于对网站的内容高度感兴趣才访问网站的。计算方式：积极访问者比率=访问超过 11 页的访问者数/总的访问数。

忠实访问者比率，计算方式：忠实访问者比率=访问时间在 19 分钟以上的访问者数/总访问者数。

忠实访问者比率指长时间的访问者所访问的页面占所有访问页面数的比例。计算方式：忠实访问者量=大于 19 分钟的访问页数/总的访问页数。

访问者参与指数，这个指标是每个访问者的平均会话（session），代表着部分访问者多次访问的趋势。计算方式：访问者参与指数=总访问者数/独立访问者数。

访问者比率，计算方式：浏览访问者比率=少于 1 分钟的访问者数/总访问数。

访问者数量指在1分钟内完成的访问页面数的比率。计算方式：访问者数量=少于1分钟的浏览页数/所有浏览页数。

6.1.2 什么是网站流量指标

1. 独立用户数量

对于独立用户而言，每一个固定的访问者只代表一个唯一的用户，无论他访问这个网站多少次。独立用户越多，书名网站推广越有成效，也意味着网络营销越有效果，因此是最具有说服力的评估指标之一。可以在中国站长联盟（www.cnzz.com）里面查到该指标。

2. 重复用户数量

该指标反映了站点用户的忠诚度，站点用户的忠诚度越高，重复用户数量越高。

3. 页面浏览数

页面浏览数的英文为Page Views，简称PV，它是在一定统计周期内所有访问者浏览的页面数量。PV可信度不是很高，而且非常容易作弊，因而很多针对Alexa排名的作弊手段之一就是采用各种办法刷PV值。

4. 每个用户的页面浏览数

每个用户的页面浏览数是一个平均数，是在一定时间内全部页面浏览数与所有用户数相除的结果，即一个用户浏览的网页数量。这一指标表明了用户对网站内容或者产品信息感兴趣的程度，也就是常说的网站黏性。此指标反映了用户从网站获取信息的多少。注意，此指标需要和独立用户数、每个用户的平均页面浏览数量等进行比较才能分析出网站的总体访问量变化趋势。

5. 某些具体文件或页面的统计指标

此相关统计指标包括页面显示次数、文件下载次数等。通过此指标，可以迅速地看出最近用户的访问热点，也可以看出访问站点的哪些页面及其对应的关键词在搜索引擎表现较好。

6.1.3 什么是用户行为指标

1. 用户在网站的停留时间

用户在网站上停留时间的长短，反映出一个网站的黏性和吸引用户的能力。

2. 用户来源网站

通过对用户来源网站（也叫“引导网站”）的统计，可以了解用户来自哪个网站的推荐、哪个网页的链接，还可以看出部分常用网站推广措施所带来的访问量，如网站链接、分类目录、搜索引擎自然检索、投放于网站上的在线显示类网络广告等。

3. 用户所使用的搜索引擎及其关键词

从流量分析软件可以清楚地看到，用户是通过搜索哪些关键词来到你的网站的，可以辅助你对关键词实际优化情况有大致的了解。

另一个更重要的方面是，从这些关键词中可以扩展出很多可以增加的内容。这能帮助你发现你想不到的关键词，可以适当地对自己内容发展方面的策略做一些调整。

4. 用户浏览网站的方式

此相关统计指标包括用户上网设备类型、用户浏览器的名称和版本、访问者电脑分辨率显示模式、用户所使用的操作系统名称和版本、用户所在地理区域分布状况等。

6.1.4 什么是用户浏览网站的方式

1. 分析人们访问及浏览网站的方式

了解人们访问及浏览网站的方式对于网站优化来说至关重要。要想达到理想的网站优化效果，对网站用户进行必要的甚至细致的分析是最基本的保障。通过有效的用户行为分析，如来自搜索引擎的关键词访问统计、哪些页面最受欢迎及为什么受欢迎、又有哪些页面不受欢迎其原因在哪儿等，找到人们浏览网站的规律，从而能够为我们改善用户的体验、改进网站以更好地满足用户的要求提供基本思路。这样，才可以改进客户服务并使网站更具吸引力。

2. 网站访问情况分析

对网站访问情况的分析应首先着眼于如下几方面。

- **用户来源**

用户通过什么途径到达我们的网站，是其他网站的链接还是搜索引擎？来自搜索引擎的访问量又分别来自哪家搜索引擎？

通过对访问来源情况的分析，可以让我们对网站的访问量组成有基本的认识，并有的放矢地加以改进。比如说访问量基本上由搜索引擎支撑——IT 技术点评目前就处于这种尴尬境地：除百分之十几的 IP 为用户输入地址或来自收藏夹外，其他近 80%的访问 IP 都来自搜索引擎。恐怕就要考虑更广泛地建立链接，扩展访问来源，而不是自以为是地以为 SEO 取得了成功。再比如说来自搜索引擎的访问量中主要为谷歌——IT 技术点评同样也面临这种尴尬：大约 50%的访问来自谷歌，那么，就需要考虑加强对其他搜索引擎的优化。这样，才能使访问来源的结构组成更合理。因为，正如古话所说，将所有鸡蛋都放在一个篮子中是很危险的。

- **来自搜索引擎的关键词**

用户在搜索引擎中使用什么样的关键词找到我们的网站？通过对此项内容的分析，可以让我们找到关键词中的规律，如选定的关键词是不是有效，是否存在与内容相关甚至更佳但被忽略的关键词等。在此基础上，更改、调整或强化相应关键词，以求达到更好的网站优化效果。

- **最具吸引力的页面**

网站访问量最大的页面是哪些？通过分析这些网页的关键词、Onpage 优化元素等可以让我们更准确地把握搜索引擎的优化规律，同时，这些网页也揭示出用户浏览时希望查找何种类型的信息。

要达到更好的网站优化效果，就需要将从这类页面中归纳出的优化技巧更普遍地应用到其他网页上；要使网站更具吸引力，就需要突出显示此类内容。

- **最不受欢迎的网页**

哪些网页是无用页面或基本上没人访问？分析其原因，如果搜索引擎未收录该页面或该页面在 SERP 中的排名很低导致用户无法在搜索引擎中找到该页，那么需要改进该页的优化措施；如果该页在 SERP 中存在且排名尚可，但访问人数却不理想，则可能该页内容属于绝大多数用户不感兴趣的，这就需要调整网站中相应内容所占的比例。

- **用户在网站内的浏览行为**

用户在网站上停留多长时间？他们如何浏览网站？对此类问题的分析首先可以帮助我们发现网站结构是否合理，网站内的导航是否有效。要知道,很多时候网站导航和信息路径之间的不一致也会造成用户浏览的困难。

对网站结构方面的分析还包括用户是否跳过多个页面，或者仅在某个页面上停留较短时间即离开网站，若存在跳过页面或停留时间短的情况，往往意味着用户难以找到他们所需的具体内容，也可能表示网站页面的载入时间过长，导致用户失去兴趣。

当然，对访问数据的分析还涵盖其他很多方面，但以上几点应是初期最主要的考虑点。通过对分析结果的归纳与总结，可以帮助我们有效地改进与提高网站。

6.2 中文常见流量统计系统介绍

流量是衡量一个网站综合能力的最重要指标，而流量转换率则是衡量一个网站价值的核心指标。尤其做电子商务网站，提升流量转换率才是硬道理。

在新浪、搜狐将巨大流量变成巨额广告收入的时候，一些同样拥有大流量的网站（比如博客类网站、分类信息网站）并没有将流量转变成广告收入；而搜索引擎网站将其他网站的超级链接抓至自己名下，用关键词作为主线，通过竞价排名的方式，实现了流量至广告收入的转换。

1. 流量价值模型

资讯类网站的流量价值 = PV × 所看资讯（如新闻网站、地方热线）。

搜索引擎类网站的流量价值 = 搜索量带来的点击 × 点击的竞价（百度、搜狗等）。

会员制网站的流量价值 = 会员数 × 会费（阿里巴巴、行业网站）。

2. 流量价值系数

流量都是有价值的，比如百度的日访问量大概是 3 800 万 IP，其日收入大概是 500 万元，于是，其单位 IP 的每日价值是 0.13 元。这个数字就是我们所说的流量价值系数。新浪的流量价值系数大约是 0.2，阿里巴巴网站的流量价值系数更高，大约能够达到 0.6，而一般个人网站的流量价值系数大概是 0.01。

资讯类网站的收益取决于广告点击率和媒体平台价值，百度的流量价值要靠点击竞价和搜索量的双重提升来提高，阿里巴巴提升流量价值的办法主要是扩大会员规模。

6.2.1 带你认识 51.La 统计

“我要啦免费统计”（http://www.51.la）如图 6-2 和图 6-3 所示。

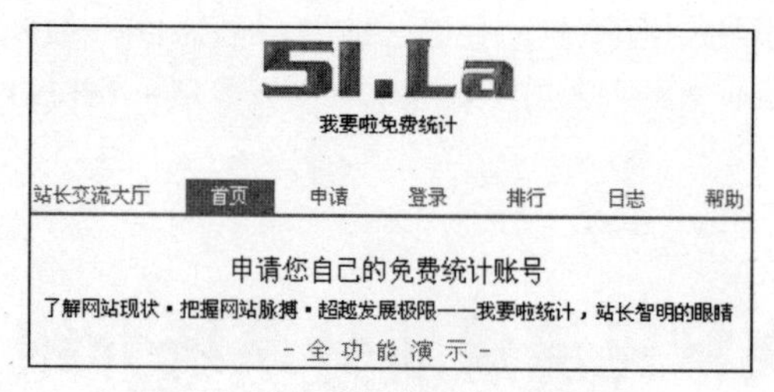

图 6-2 “我要啦免费统计”网站首页

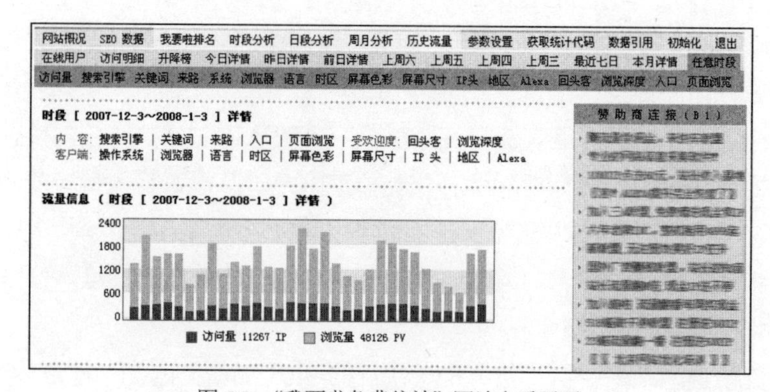

图 6-3 “我要啦免费统计”网站查看页面

“我要啦免费统计”可以说是国内比较经典的统计服务了。“我要啦免费统计”的功能是所有统计服务类网站中比较丰富的，连不是很重要的屏幕颜色分辨率都可以查到。不过比较实用的还是关键词分析功能，可以通过这一功能了解到访客是通过搜索哪些关键词找到网站的。另外网站排名、

SEO 数据分析等对于了解网站的概况也很有用处。“我要啦免费统计”的缺点就是有少数时间会对页面载入速度有一定的影响，毕竟它要统计的功能太多了。此外，“我要啦免费统计”的统计代码为了保证绝对有效，连客户端不支持 javascript 的情况都考虑到了。

“我要啦免费统计”全面完整的常规功能如下。

□ 点击量——记录每小时的 IP 数和 PV 数，提供多种形式供用户对任意时间段进行查询。IP 数完全基于 24 小时 IP 防刷新。

□ 客户端——记录来访者所处的地区、浏览器、操作系统、语言、时区、屏幕尺寸、屏幕色彩、IP 地址及 Alexa 安装情况，并可对这些数据按任意时间段查询。

□ 流量源——记录点击来源，并根据来源对关键词和搜索引擎进行分析。可对来路信息按时间段和特征字查询，提供多种排序方式。

□ 关键词——精确地辨别并记录各大搜索引擎搜索进入时用户所搜索的关键词，兼容各种编码格式，无乱码，可按时间段和特征字查询分析，提供多种排序方式。

□ 被访页——记录用户进入网站时的网页被进入的次数（入口网址）和每个网页被浏览的次数。可按时间段和特征字查询，提供多种排序方式。

□ 明细——访问明细和在线用户栏目细致到用户的全部信息，并可追踪任一用户的浏览记录。

“我要啦免费统计”独有的功能如下。

□ 升降榜——“我要啦免费统计”2006 版首创。升降榜提供了方便的多日数据对比查看方式，可以查看每天来路和关键词的变化。

□ 排名——“我要啦免费统计”排名及曲线可以让你知道自己在数万“我要啦免费统计”用户中的位置。

□ 史和列——“我要啦免费统计”2006 版首创，对于来路和关键词，可罗列全部相关的具体来路，并罗列最近 40 天某个来路或关键词每天的来访量。

□ 引用——万能数据引用功能让你可以在网站上任何位置显示统计数据，并且样式是可以任意更改的。2006 版的改进使数据引用在输出到任意位置的同时不影响页面加载速度。

□ 多 ID——“我要啦免费统计”2005 版首创，只需申请一个“我要啦免费统计”用户即可方便地申请多个统计 ID 来统计你的多个网站，多个 ID 更易管理。

申请“我要啦免费统计”的地址是 http://www.51.la/reg.asp。

申请“我要啦免费统计”的步骤是：

第一步，填写申请表格；

第二步，开通统计 ID；

第三步，在网页上安放统计代码；

第四步，查看统计报告。

6.2.2 带你认识雅虎统计

雅虎统计（http://tongji.cn.yahoo.com）如图 6-4 和图 6-5 所示。

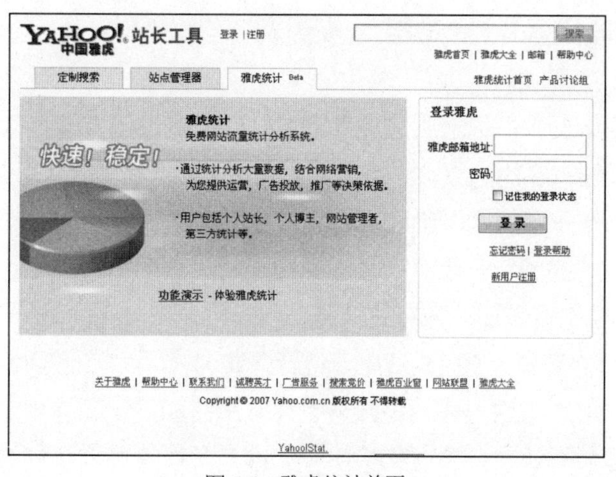

图 6-4 雅虎统计首页

雅虎统计是一套免费的网站流量统计分析系统。它致力于为所有个人站长、个人博主、所有网站管理者、第三方统计等用户提供网站流量监控、统计、分析等专业服务。

雅虎统计通过对大量数据进行统计分析，深度分析搜索引擎 spider 抓取规律，发现用户访问网站的规律，并结合网络营销策略，提供运营、广告投放、推广等决策依据。

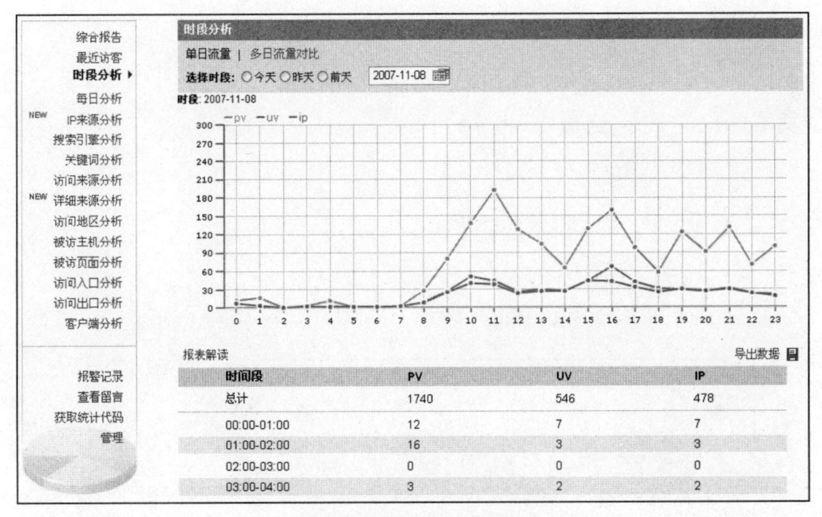

图 6-5 雅虎统计查看页面

雅虎统计系统提供的主要功能如下。

□ 我的统计：提供全部统计站点流量总览、管理统计站点、获取统计代码等功能。

□ 留言总览：提供留言查看、删除功能。

□ 报表解读、导出数据：雅虎统计所有的分析报表均提供导出数据功能，并且附有弹出设计的报表解读功能，帮助用户深入、迅速分析报表意义。

雅虎独有的功能：流量异常报警——在网站流量出现大幅度变化的时候发送邮件到用户的雅虎邮箱，同时会在该统计 ID 下的“流量报警记录”页面中留下相应记录。

符合以下全部条件时流量报警才会发挥作用。

开启流量报警功能 3 天以后；该统计 ID 日 PV 量大于 100；报警时的 PV 数大于或小于昨日同比或昨日总 PV 的 50%；当该统计 ID 日 PV 大于 100 小于 600 时，将按当日 PV 的总量进行报警；当该统计 ID 日 PV 大于 600 时，将按每小时时间段进行报警。

申请雅虎统计的步骤是：

第一步，注册成为雅虎邮箱用户；

第二步，在雅虎统计首页输入邮箱地址和密码；

第三步，添加网址；

第四步，在网页上安放统计代码；

第五步，查看统计报告。

6.2.3 带你认识百度统计

百度统计（http://tongji.baidu.com）如图 6-6 和图 6-7 所示。

图 6-6　百度统计首页

百度统计是提供给广大网站管理员免费使用的网站流量统计系统，帮助管理员跟踪网站的真实流量，并优化网站的运营决策。

目前百度统计提供的功能包括：流量统计、来访分析、搜索引擎关键词分析、访客分析等多种统计分析服务，更多统计分析服务将在后续推出。

申请百度统计步骤：

第一步，注册成为百度联盟会员；

第二步，登录联盟系统，在 VIP 俱乐部频道中申请百度统计测试服务；

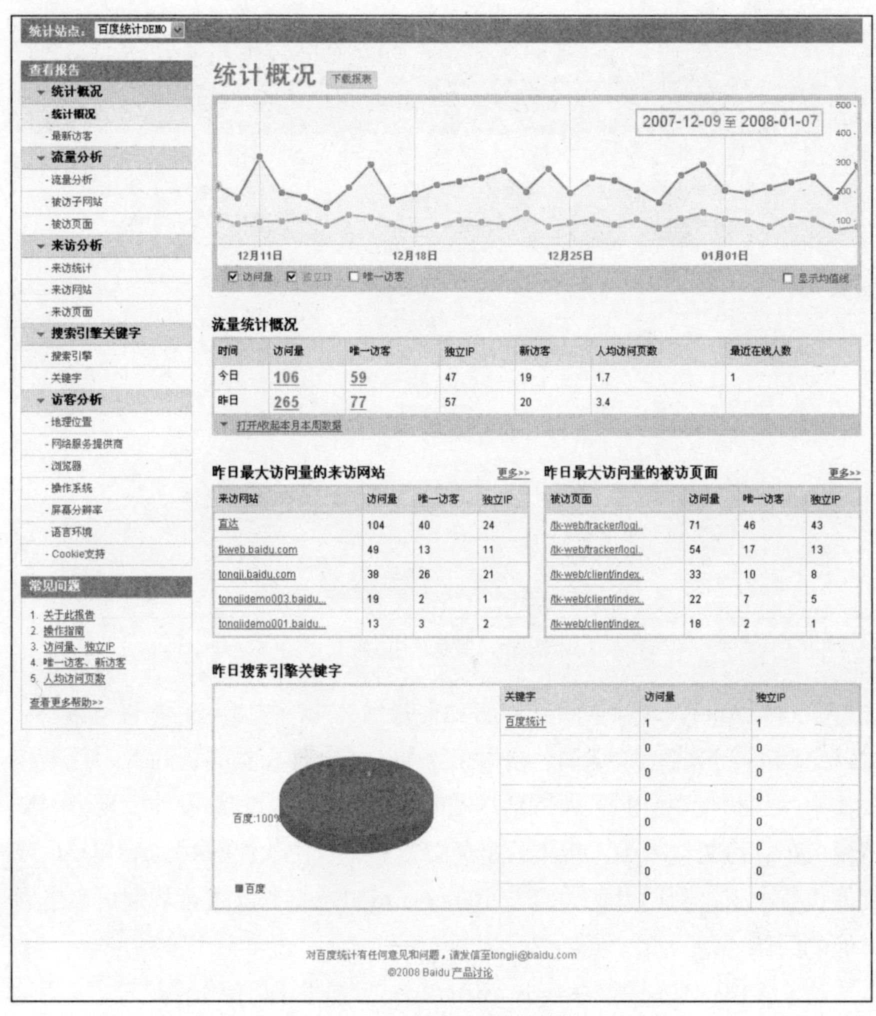

图 6-7　百度统计查看页面

第三步，用百度联盟 ID 登录百度统计系统，获取统计代码；

第四步，在自己的网站上放置统计代码，开始统计。

6.2.4　带你认识谷歌统计

谷歌统计（http://www.google.cn/analytics/zh-CN）如图 6-8 所示。

图 6-8　谷歌统计首页

Google Analytics 会告诉访问者如何找到你的网站及与网站进行互动。可以比较每个广告、关键词、搜索引擎和电子邮件引荐的访问者的行为和收益率，并获得宝贵的深入信息，进而改进网站的内容和设计。无论网站规模大小、点击量多少，也不管是免费搜索、合作伙伴网站、AdWords 或其他按每次点击费用付费的广告，Google Analytics 都会进行从网页点击到转换的跟踪。

对于 AdWords 用户，Google Analytics 特别提供了可操作性信息，使用这些信息，可以跟踪所有广告系列的费用数据，并将这些数据和每个页面的转换信息相结合，进而提高投资回报率。Google Analytics 会自动导入 AdWords 费用数据，以方便跟踪 AdWords 广告系列的效果，并自动标记 AdWords 目标网址来跟踪关键词和广告系列转换率，而不需要耗费任何精力！

6.2.5　带你认识中国站长联盟（cnzz）统计

中国站长联盟（cnzz）统计（http://www.cnzz.com）如图 6-9 和图 6-10 所示。

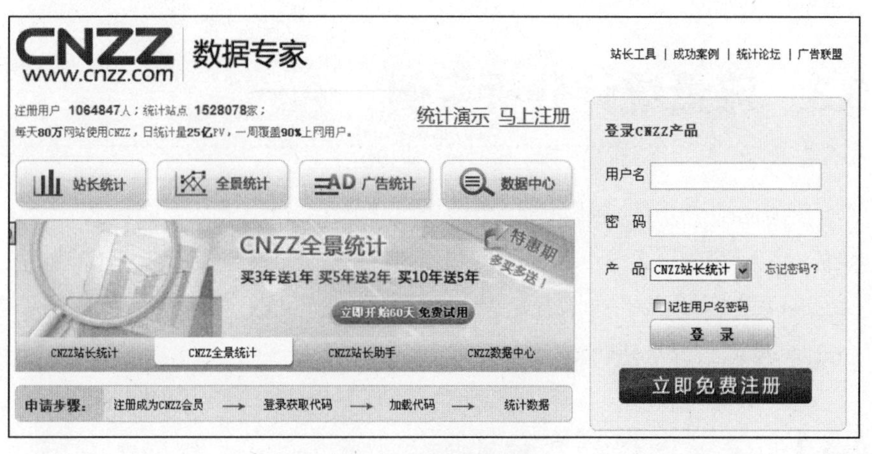

图 6-9 cnzz 统计首页

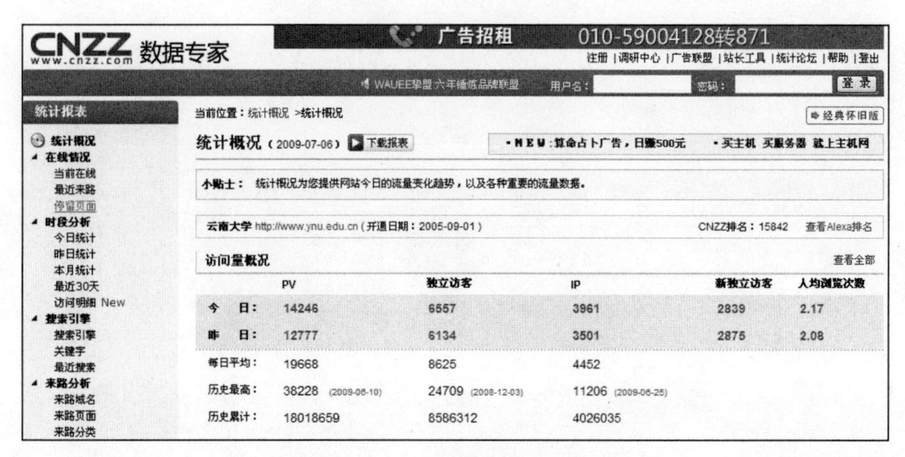

图 6-10 cnzz 统计查看后台

cnzz 统计主要为网站提供统计、交换链接、广告交换、广告交易等服务。它可以给网站带来流量，也可以为网站将流量转换为现金，还可以对网站进行数据监测，总的来说这是一个与网站流量密切相关的全功能平台。

申请 cnzz 统计的步骤是：

第一步，注册新用户，填写邮箱和验证码；

第二步，打开填写时的邮箱，点击注册地址；

第三步，填写注册资料；

第四步，添加下属站点；

第五步，在网页上放置统计代码，开始统计。

6.3 流量统计分析实例

在前面提到了流量统计能读出的统计指标并介绍了几个流量统计分析系统，接下来就以某站点的后台流量统计为例，来介绍流量统计分析方法。

该网站访问流量数据分析基于第三方统计系统“我要啦免费统计”（http:// www.51.la）进行演示。

6.3.1 典型性数据采集抓取

典型性数据采集抓取结果如图 6-11 所示。

最近7天分析表

	访问量	比例	浏览量	比例
2008-1-3（上周四）	5650	15.4%	71900	14.2%
2008-1-4（上周五）	5886	16.0%	77861	15.4%
2008-1-5（上周六）	5736	15.6%	76656	15.2%
2008-1-6（本周日）	5724	15.6%	80966	16.0%
2008-1-7（本周一）	5831	15.9%	90022	17.8%
2008-1-8（本周二）	5255	14.3%	75155	14.9%
2008-1-9（本周三）	2658	7.2%	32280	6.4%

图 6-11　最近 7 天分析表

6.3.2 IP 与 PV

IP 与 PV 如图 6-12 所示。

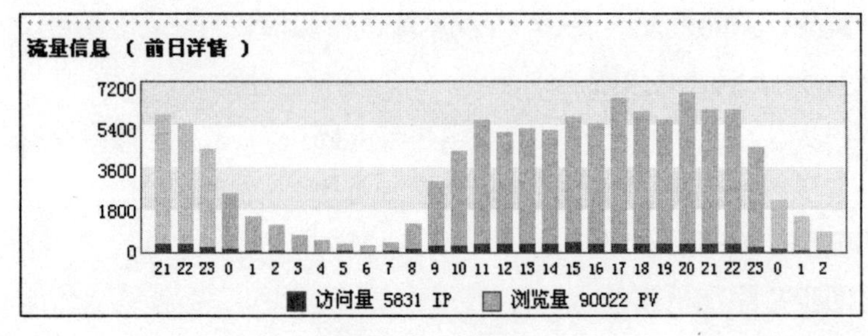

图 6-12　IP 与 PV

注：IP = 5 831；PV = 90 022；R = PV/IP = 90 022/5 831 = 15。

以上的 R 值可以告诉我们，每个访问这个网站的用户大约浏览 15 个页面。经分析说明用户的黏性不错。

以上结论亦可以通过如图 6-13 所示的用户访问回头率数据看出：70.2%的用户是第一次访问。

回头率分析（前日详情）

共 22 项	访问量	比例
第 1 次访问	3710	70.2%
第 2 次访问	518	9.8%
第 3 次访问	226	4.3%
第 4 次访问	157	3.0%
第 5 次访问	103	2.0%
第 6 次访问	77	1.5%
第 7 次访问	77	1.5%
第 8 次访问	66	1.2%
第 10 次访问	55	1.0%
第 9 次访问	43	0.8%
第 11 次访问	39	0.7%
第 14 次访问	31	0.6%
第 12 次访问	30	0.6%
第 13 次访问	26	0.5%
第 16 次访问	26	0.5%
第 15 次访问	25	0.5%
第 17 次访问	20	0.4%
第 18 次访问	18	0.3%
第 20 次以上访问	17	0.3%
第 19 次访问	12	0.2%
第 50 次以上访问	5	0.1%
第 100 次以上访问	1	0.0%

图 6-13　用户访问回头率分析

6.3.3　网页访问入口分析

网页访问入口分析如图 6-14 所示。

通过上面的数据可以看出，目前用户访问最多的是网站首页，然后才是论坛和栏目页面。这个对于站点的发展是很有利的。

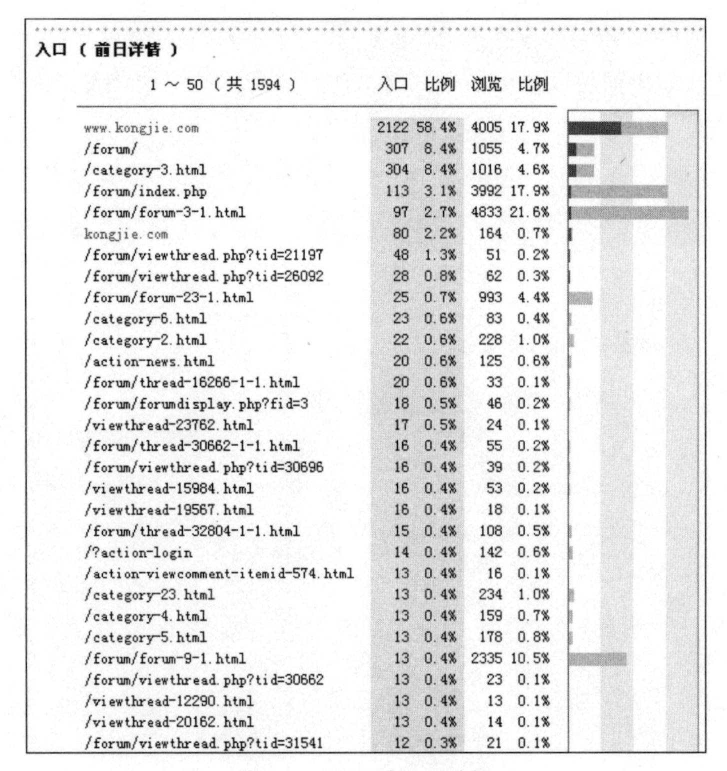

入口（前日详情）

1 ～ 50（共 1594）	入口	比例	浏览	比例
www.kongjie.com	2122	58.4%	4005	17.9%
/forum/	307	8.4%	1055	4.7%
/category-3.html	304	8.4%	1016	4.6%
/forum/index.php	113	3.1%	3992	17.9%
/forum/forum-3-1.html	97	2.7%	4833	21.6%
kongjie.com	80	2.2%	164	0.7%
/forum/viewthread.php?tid=21197	48	1.3%	51	0.2%
/forum/viewthread.php?tid=26092	28	0.8%	62	0.3%
/forum/forum-23-1.html	25	0.7%	993	4.4%
/category-6.html	23	0.6%	83	0.4%
/category-2.html	22	0.6%	228	1.0%
/action-news.html	20	0.6%	125	0.6%
/forum/thread-16266-1-1.html	20	0.6%	33	0.1%
/forum/forumdisplay.php?fid=3	18	0.5%	46	0.2%
/viewthread-23762.html	17	0.5%	24	0.1%
/forum/thread-30662-1-1.html	16	0.4%	55	0.2%
/forum/viewthread.php?tid=30696	16	0.4%	39	0.2%
/viewthread-15984.html	16	0.4%	53	0.2%
/viewthread-19567.html	16	0.4%	18	0.1%
/forum/thread-32804-1-1.html	15	0.4%	108	0.5%
/?action-login	14	0.4%	142	0.6%
/action-viewcomment-itemid-574.html	13	0.4%	16	0.1%
/category-23.html	13	0.4%	234	1.0%
/category-4.html	13	0.4%	159	0.7%
/category-5.html	13	0.4%	178	0.8%
/forum/forum-9-1.html	13	0.4%	2335	10.5%
/forum/viewthread.php?tid=30662	13	0.4%	23	0.1%
/viewthread-12290.html	13	0.4%	13	0.1%
/viewthread-20162.html	13	0.4%	14	0.1%
/forum/viewthread.php?tid=31541	12	0.3%	21	0.1%

图 6-14　网页访问入口分析

6.3.4　搜索引擎流量导入

搜索引擎流量导入页面如图 6-15 所示。

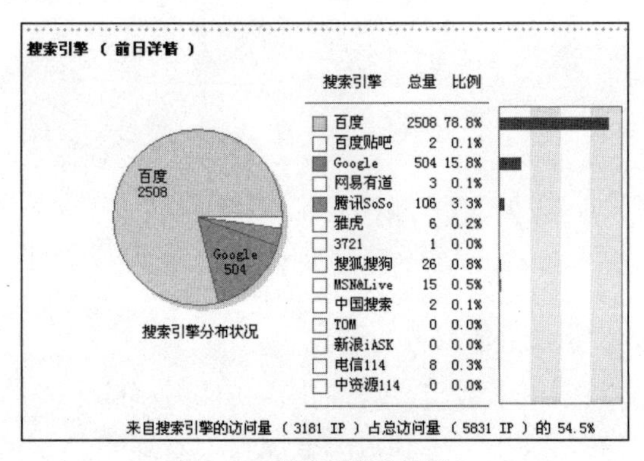

搜索引擎（前日详情）

搜索引擎	总量	比例
百度	2508	78.8%
百度贴吧	2	0.1%
Google	504	15.8%
网易有道	3	0.1%
腾讯SoSo	106	3.3%
雅虎	6	0.2%
3721	1	0.0%
搜狐搜狗	26	0.8%
MSN&Live	15	0.5%
中国搜索	2	0.1%
TOM	0	0.0%
新浪iASK	0	0.0%
电信114	8	0.3%
中资源114	0	0.0%

来自搜索引擎的访问量（3181 IP）占总访问量（5831 IP）的 54.5%

图 6-15　搜索引擎流量导入

通过以上搜索引擎分布状况图中的数据，可以看出目前从百度导入的流量最大，比率高达 78%，而导入流量身居第二位的谷歌只贡献了 15.8%，这种情况是很不正常的，风险系数很大。如果此网站在百度里的表现变差或者因过度优化被惩罚，那就会给整个网站的流量带来重创。

降低流量风险系数的一个方法就是提升网站在其他搜索引擎里的排名表现。

6.3.5 搜索引擎关键词分析

搜索引擎关键词分析如图 6-16 所示。

关键词 [按总量排序] (前日详情)

1 ～ 50 (共 1242)	总量	百度	GOOGLE	雅虎	其它	比例
[列|史] 网站策划 [GO]	207	146	59	2	0	6.9%
[列|史] 网站策划书 [GO]	189	136	39	10	4	6.3%
[列|史] 策划 [GO]	173	171	1	0	1	5.8%
[列|史] 策划书怎么写 [GO]	122	119	2	1	0	4.1%
[列|史] 网站建设策划书 [GO]	69	69	0	0	0	2.3%
[列|史] 手机网络营销策划书 [GO]	54	44	10	0	0	1.8%
[列|史] 网站推广策划 [GO]	54	50	3	0	1	1.8%
[列|史] 网站 [GO]	48	48	0	0	0	1.6%
[列|史] 电子商务网站策划书 [GO]	45	6	36	2	1	1.5%
[列|史] 网站策划方案 [GO]	36	35	1	0	0	1.2%
[列|史] 门户网站策划书 [GO]	25	24	1	0	0	0.8%
[列|史] 商务网站策划书 [GO]	24	17	7	0	0	0.8%
[列|史] 策划书 [GO]	24	1	23	0	0	0.8%
[列|史] 产品广告策划大纲 [GO]	19	19	0	0	0	0.6%
[列|史] 企业网站建设方案书 [GO]	19	19	0	0	0	0.6%
[列|史] 杨帆 [GO]	18	12	6	0	0	0.6%
[列|史] 做什么网站 [GO]	18	18	0	0	0	0.6%
[列|史] 我们的团队 [GO]	18	16	2	0	0	0.6%
[列|史] 丘仕达 [GO]	18	17	1	0	0	0.6%
[列|史] 手机营销策划方案 [GO]	16	16	0	0	0	0.5%
[列|史] 网络策划 [GO]	15	11	4	0	0	0.5%
[列|史] 网站策划案例 [GO]	15	15	0	0	0	0.5%
[列|史] 企业网站推广策划书 [GO]	14	14	0	0	0	0.5%
[列|史] 推广策划 [GO]	14	14	0	0	0	0.5%
[列|史] 电子商务模式策划书 [GO]	14	14	0	0	0	0.5%
[列|史] 网站推广策划案 [GO]	13	13	0	0	0	0.4%
[列|史] 门户网站策划 [GO]	12	12	0	0	0	0.4%
[列|史] 策划网站 [GO]	10	10	0	0	0	0.3%
[列|史] 游戏网站策划书 [GO]	10	10	0	0	0	0.3%
[列|史] 策划书范例 [GO]	10	10	0	0	0	0.3%
[列|史] 游戏网站策划 [GO]	10	9	1	0	0	0.3%

图 6-16 搜索引擎关键词分析

通过上述数据，可以看到多数是与“网站策划”相关的关键词。下面要做的工作就是借助一些工具，如百度相关搜索、百度指数等进行关键词分析，看哪些关键词搜索量高，而且与网站相符合，但没有进行合理的优化；哪些关键词搜索量高，相应的网站关键词在搜索引擎排名也不错，但访问的用户不是我们想要的用户。比如上述数据有一个“网站”关键词，每天搜索量很大，但搜索“网站”的用户不是我们的用户群体范围之内的。“网站”是一个很广泛的关键词，即使搜索“网站”关键词来到一个与网站策划相关的网站上，那么用户看到此网站不是他想要的内容，可能不到1分钟就会关掉网站，更谈不上把此用户转化为回头客了。所以类似“网站”这样的关键词，就可以不用去优化了，虽然每天有一些流量，但都是质量不高的流量。

6.4 网站收录查询

6.4.1 如何查看网站是否被收录

现在有很多专门的 SEO 工具用来查看网站的收录情况。本文不讲述如何通过 SEO 工具来查看网站是否被收录，而是直接通过搜索引擎来实现。

各个搜索引擎都提供了查询收录情况的命令，一般都采用 site 来查询网站是否被收录。

1. 百度查询站点是否被收录

site:+网址，网址不需要带 http，例如，site:www.ccyyw.com。

如果有搜索结果，说明已经被百度收录，找到的相关网页数就是收录的数量。

如果提示“抱歉，没有找到与××××相关的网页”，就说明站点还没有被收录。

出现上述提示有两种可能。

□ 站点还没有被百度收录（可能是新站或者没有任何站外链接也没有提交过的站点）。

□ 站点已经被百度 K 了（可能是作弊类或者垃圾站）。

2. 谷歌查询站点是否被收录

site:+网址，网址带不带 http 都一样，例如，site:www.ccyyw.con 或者

site:http://www. ccyyw.com。

如果有搜索结果，说明已经被谷歌收录。“总共约为×个”中的数字就是被收录的数量。

如果提示“找不到和您的查询 site:××××相符的网页”，说明站点还没有被收录。

出现上述提示的可能性和百度一样，此处不再重复。

3. 雅虎查询站点是否被收录

雅虎的收录查询可以直接通过雅虎提供的站点管理器（http://sitemap.cn.yahoo.com）来实现。

在查询框内输入网址，带不带 http://都可以搜索。

如果有显示网站的相关内容，说明页面已经被收录。“被收录的网页：”后面的数字是收录的数量。

如果提示“没有搜索到结果”，说明还没有被收录，可能的原因同上。

6.4.2 如何查看网站收录数量

网站收录数量一定是重要的权重因素。网站被收录的页面越多，权重一定越高。

搜索排名也是一样。假设在搜索引擎面前有 15 个网站和关键词“手机”相关，共有 100 个相关页面。这 100 个页面中的 50 篇来自同一个域名 A，其他 14 个域名总共 50 篇文章。搜索引擎理所应当地给域名 A 更多的信任、权重和优先排名。

6.5 反向链接查询

前面的章节提到，搜索引擎会根据一个网站被其他网站链接的数量和质量来决定网站在搜索结果中的排名。

有的网站链接是网站管理员主动寻求、添加和交换的，而有的时候别的网站会主动链接过来，一些包含网站链接的文章被转载或者发布在论坛、博客中，都有可能带来意料之外的链接。

谷歌反向链接查询结果如图 6-17 所示。

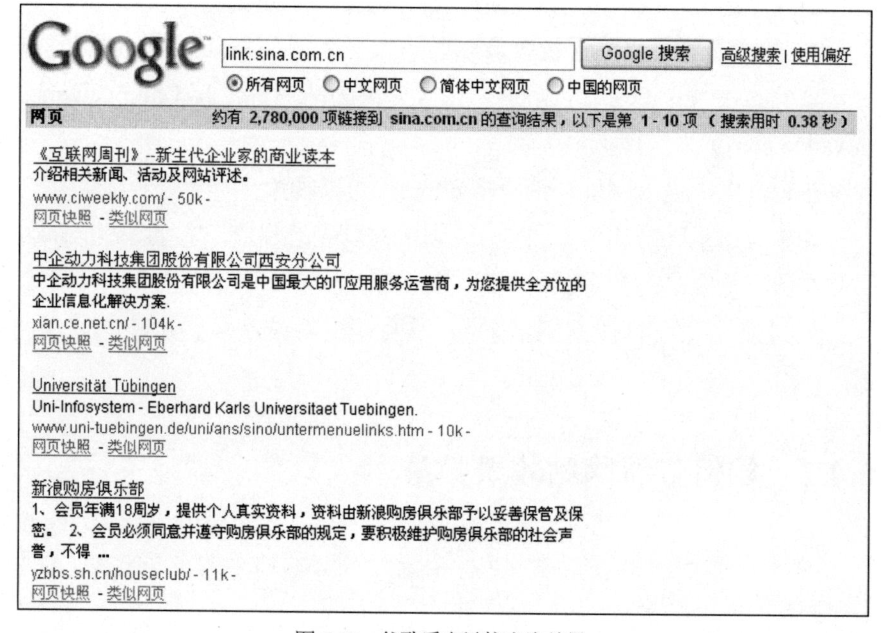

图 6-17 谷歌反向链接查询结果

在谷歌搜索框中搜索“link:+网站域名”，但相对来说查询谷歌的反向链接是较少的，谷歌有自己的收录算法。

6.5.1 如何查看搜狗反向链接

搜狗反向链接相对来说也是比较精准的，这几年搜狗的网页算法得到了很大的改善。

搜狗反向链接查询页面如图 6-18 所示。

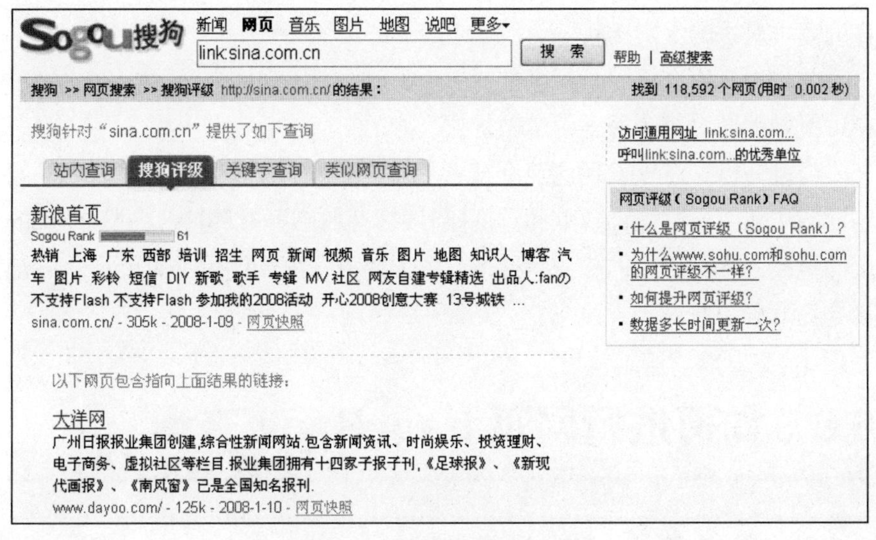

图 6-18　搜狗反向链接查询页面

6.5.2　如何查看雅虎反向链接

如果想用雅虎查看一个网站的反向链接，打开 http://one.cn.yahoo.com，输入“linkdomain:你的网址”，即可查询到自己网站的反向链接网站，如图 6-19 所示。

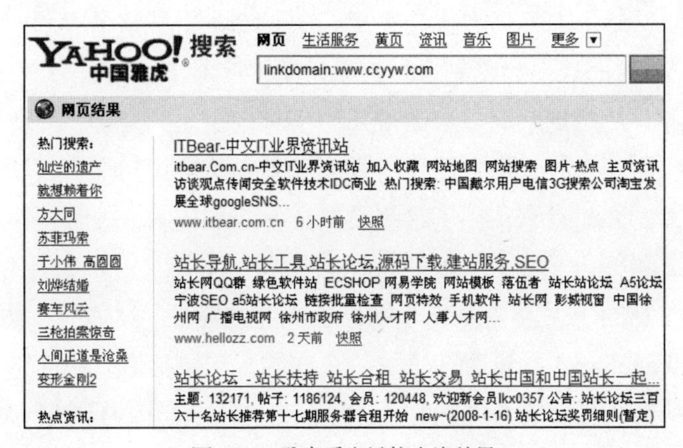

图 6-19　雅虎反向链接查询结果

这个功能可以用来查询自己所优化网站的反向链接，也可以用来查询你的竞争对手的反向链接。

做 SEO，反向链接是相当重要的。所以分别研究每个搜索引擎的性能，便可更好地针对每个搜索引擎做优化。

经过分析，可以发现这 3 个搜索引擎的爱好：百度关注网站内容的原创性与更新的及时性；谷歌和雅虎比较关注网站的外部链接，网站外部的反向链接越多，给予的权重就越大。3 个搜索引擎相比，雅虎查询反向链接会更准确一些。

6.6 如何进行网页 PageRank 查询

6.6.1 谷歌 PageRank 查询

谷歌 PageRank 有效地利用了 Web 所拥有的庞大链接构造的特性。从网页 A 导向网页 B 的链接被看作是页面 A 对页面 B 的支持投票，谷歌根据这个投票数来判断页面的重要性。可是谷歌不单单看投票数(即链接数)，它对投票的页面也进行了分析。重要性高的页面所投的票的评价也会高，因为接受这个投票的页面会被理解为“重要的物品”。

根据这样的分析，得到了高评价的重要页面会被给予较高的 PageRank，该页面在检索结果内的名次也会提高。PageRank 是谷歌中表示网页重要性的综合性指标，而且不会受到各种检索(引擎)的影响。也就是说，PageRank 就是基于对“使用复杂的算法而得到的链接构造”的分析，从而得出各网页本身的特性。当然，重要性高的页面如果和检索词句没有关联同样也没有任何意义。为此谷歌使用了精练后的文本匹配技术，能够检索出重要而且正确的页面。

通过图 6-20 来具体地看一下刚才所阐述的算法。具体的算法是，将某个页面的 PageRank 除以存在于这个页面的正向链接数，由此得到的值分别和正向链接所指向的页面的 PageRank 相加，即得到了被链接的页面的 PageRank。

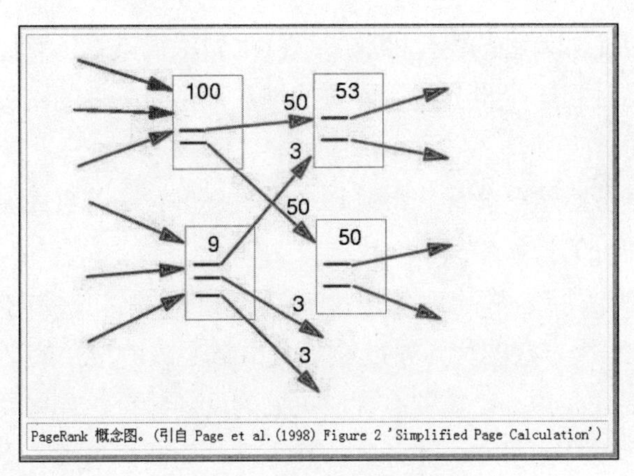

图 6-20 谷歌 PageRank 概念图

提高谷歌 PageRank 的要点如下。

□ 反向链接数（单纯意义上的受欢迎度指标）。

□ 反向链接是否来自推荐度高的页面（有根据的受欢迎指标）。

□ 反向链接源页面的链接数（被选中的概率指标）。

首先最基本的是页面被许多页面链接会使得推荐度提高。也就是说被许多页面链接的受欢迎的页面，必定是优质的页面。以反向链接数作为受欢迎度的一个指标是很自然的想法，这是因为“链接”是一种被看作可以看看这个页面的推荐行为。但是，值得骄傲的是 PageRank 的思考方法并没有停留在这个地方。也就是说，不仅仅是通过反向链接数的多少，还给推荐度较高页面的反向链接以较高的评价。同时，对来自总链接数少的页面的链接给予较高的评价，而对来自总链接数多的页面的链接给予较低的评价。一方面，来自他人高水平网页的正规链接将会被明确重视；另一方面，来自张贴完全没有关联性的类似于书签的网页的链接会被认为几乎没有什么价值，虽然比起不被链接来说要好一些。

因此，如果从类似于雅虎那样的 PageRank 非常高的站点被链接，此网页的 PageRank 会上升；相反地，无论有多少反向链接数，如果全都是从那些没有多大意义的页面链接过来的话，PageRank 也不会轻易上升。不仅是雅虎，在某个领域中，如果从可以被称为是有权威的或者固定的页面来的反向链接也是非常有益的。但是，只是一个劲地在自己的一些同伴之间制作链接，比如单纯的内部照顾，这样的做法很难看出有什么价值。也就是说，应从注目于全世界所有网页的视点来判断（你的网页）是否真正具有价值。

综合性地分析这些指标，最终形成了将评价较高的页面显示在检索结果的相对靠前处的搜索结构。

以往的做法只是单纯地使用反向链接数来评价页面的重要性，而PageRank 所采用方式的优点是能够不受机械生成的链接的影响。也就是说，为了提高 PageRank 需要有优质页面的反向链接。如果委托雅虎登录自己的网站，就会使得 PageRank 骤然上升，为此必须致力于制作（网页的）充实的内容。这样，就使得基本上没有提高 PageRank 的近路（或后门）。在利用链接构造的排序系统中，以前单纯的 Spam 手法将不再适用。这是最大的一个优点，也是谷歌方便于使用的最大原因。

在这里要注意，PageRank 自身由谷歌定量，而与用户检索内容的表达式完全无关。就像后边即将阐述的一样，检索语句不会呈现在 PageRank 自己的计算式中。不管得到多少检索语句，PageRank 也是一定的、文件固有的评分量。

6.6.2 搜狗 Rank 查询

搜狗 Rank 是搜狗衡量网页重要性的指标，不仅考察了网页之间的链接关系，同时也考察了链接质量、链接之间的相关性等特性，是机器根据搜狗 Rank 算法自动计算出来的，其值从 0 至 100 不等。Rank 越高，该网页在搜索中越容易被检索到。

1. 怎样查询Rank

直接在搜索框中输入页面的 URL，点击“搜索”按钮或直接按“Enter”键，即可查询到相应页面的评级。

搜索结果第一条会显示该 URL 的评级、标题、摘要、链接、大小、更新时间等信息，并在下面列举出链向该页面的网页。这些结果是优化网页、提升 Rank 的重要参考。

2. 如何提升网页评级

为了提高页面的评级，需要努力提升页面品质，让更多同领域的高评级站点来链接自己的页面。同时需要慎用对外链接，尤其是低质量站点的链接（如果链接到垃圾站点，将极有可能降低自己网站的 PageRank）。

3. 如何提高页面在搜索引擎中的排名

在前面已经讲到，PageRank 是影响页面排名的一个重要因素，但不是全部因素。你同样需要努力去丰富自己页面的内容，给页面制作尽可能简洁明了的标题，拒绝向恶意堆砌关键词的垃圾页面提供链接。

6.7 Alexa 查询

6.7.1 什么是 Alexa

Alexa（www.alexa.com）是一家专门发布网站世界排名信息的网站。以搜索引擎起家的 Alexa 创建于 1996 年 4 月（美国），目的是让互联网网友在分享虚拟世界资源的同时，更多地参与互联网资源的组织。Alexa 每天在网上搜集超过 1 000GB 的信息，不仅给出多达几十亿的网址链接，而且对其中的每一个网站进行了排名。可以说，Alexa 是当前拥有 URL 数量最庞大、排名信息发布最详尽的网站。Alexa 排名是目前常引用的、用来评价某一网站访问量的一个指标。事实上，Alexa 排名是根据对用户下载并安装了 Alexa Tools Bar 嵌入到 IE、FireFox 等浏览器，从而监控其访问的网站数据进行统计的，因此，其排名数据并不具有绝对的权威性，但由于其提供了包括综合排名、到访量排名、页面访问量排名等多个评价指标信息，且目前还没有而且也很难有更科学、合理的评价参考，大多数人还是把它当作当前较为权威的网站访问量评价指标。

6.7.2 用 Alexa 查什么

Alexa 工具条的使用率在全球各地有所不同，受用户的语言、地域、文化等各方面的影响。比如英文网站相对于其他语言的网站来说，数据访问量更容易被充分地统计；而同样语种的网站中，IT类网站由于用户群中使用Alexa工具条的用户比较多，所以排名也比较高。所以，不同类别的网站有时没有可比性，不能一味地比较综合排名。如专业性的网站在同类别网站中排名非常靠前，但和门户类网站相比，浏览率可能差别很大。浏览率太小的网站统计数字可能不准确。总体上排名越靠前（浏览率越大）的网站统计数字就越可靠。一般来说，月访问量1 000以下或排名100 000以后的网站统计数字是不准确的。

可以肯定任何计算方法都不完美，所以我们也无法评述Alexa排名的公正性和科学性。但既然Alexa将相关统计信息通过Internet全球公开发布，大家又都用Alexa的统计作为标杆，从中国到世界其他各国权威的新闻媒体在讨论一个著名网站的规模时，无不以Alexa作为标准。世界上没有第二个像Alexa那样的网站不需要你在网页中插入它的代码等来计算排名，它对全世界所有网站一视同仁，我们就姑且相信其专业性和权威性。

所以，使用Alexa应该关注网站的流量趋势，关注各个子域名的访问比例，以及和同类网站的对比情况，从中找出对网站运营以及搜索引擎优化有用的信息，而不是整天盯着排名。

综合排名（Alexa Rank）是Alexa根据统计到数据综合分析后对一个网站给出的最后排名，其中流量排名（Traffic Rank）占主体，其他各项参数有较小影响。这个数据一般接近或等于3个月平均流量排名。

下期排名（Next Rank）预计数值是对下次排名更新后的综合排名的预测，影响因素跟综合排名一样，此数据也接近或等于3个月平均流量排名。

网站简介（Site Intro）是站点的概括性介绍，一般新网站会显示“该站未提交介绍信息”，站长可自行去提交或修改信息，也可放置info.txt文件在站点根目录下，然后通知Alexa的spider去抓取。

访问速度（Visit Speed）是指Alexa的spider抓取你站点页面时的访问速度，因抓取服务器在国外，与国内用户正常访问速度可能不相符，如同国内直接访问Alexa官方站点一样会比较慢。

所属目录（DMOZ Cate），DMOZ是一个人工编辑管理的目录集合，为搜索引擎提供结果或数据，因此被收录的站点可以在其他搜索引擎上获得好的排名，要比单独在 DMOZ 上获得排名的益处多，但要成功被收录难度比较大，可能要 1 年以上才能被审核通过。

反向链接（Links In）是指被 Alexa 的 spider 检测到的其他站点到当前查询站点的链接数量。Alexa 的 spider 的局限性使得这个数据所反映的数量要远小于真实的从其他站点过来的链接数量。

被访问网址（Sub Domains）把一个站点流量比较大的使用二级甚至更多级域名的栏目罗列出来，一个站点使用多个域名而且都有一定访问量的话也会全部列出，目前显示的标准是页面访问比例高于 1%，低于这个标准的归入 Other Websites。

网站访问比例（Reach Percent）是对一个站点下属栏目或子站点访问量的统计，此参数是按照这个栏目或者子站点的用户到访量来计算的，跟其 IP 所占全站 IP 的比例相关，跟 PV 关系不密切。

流量排名（Traffic Rank）是我们最关心的 Alexa 世界排名，但这个排名是即时性的，不是像综合排名那样接近或等于 3 个月平均流量的排名。

到访量排名（Reach Rank）是流量排名的一个重要参考数据，表示一个站点访问人数多少的排名数值。一个安装工具条的用户访问算一个 Reach，一天内一个用户多次访问也算一个 Reach。日均 IP Daily Reach 表示访问一个站点的 IP 数，局域网内多台计算机共用一个 IP 访问的话算一个 IP 数。日均 PV，Daily PV 表示访问一个站点的页面浏览量，页面每被刷新或访问一次算一个 PV。

第7章 SEO进阶

在了解了一些基本概念后，需要对 SEO 有进一步的认识。专业术语怎么说？SEO 内部的专业如何分类？作弊的手法有哪些，如何避免？接下来，我们开始进入 SEO 进阶的学习。

7.1 “白帽”与“黑帽”

2004 年 12 月 13 日在美国芝加哥举办的搜索引擎战略大会上，SEO 专家 Andrew Goodman 发表了题目为“Search Engine Showdown：Black Hats vs. White Hats at SES”（搜索引擎摊牌：“黑帽”VS“白帽”）的演讲，第一次正式提出了“黑帽”SEO 和“白帽”SEO 的说法。

“黑帽”SEO 用程序从其他分类目录或搜索引擎抓取大量搜索结果做成网页，然后在这些网页上放上谷歌 Adsense。这些网页的数目不是几百几千，而是几万几十万。所以即使大部分网页排名都不高，但是因为网页数目巨大，还是会有用户进入网站，并点击谷歌 Adsense 广告。

7.1.1 什么是“白帽”

“白帽”技术在于确保搜索引擎索引抓取的内容与用户将看到的内容是一样的。“白帽”技术一般归结为满足用户的需要去创建内容，而不是为搜索引擎去创建内容，然后用一些合理的技术使这些内容很容易被 spider 接触到，而不是试图诱导算法。

从它的目的来看，“白帽”优化技术在许多方面与 Web 开发相似，即推动无障碍环境，尽管两者并不完全相同。“白帽”SEO 关注的是网站的长远利益。

搜寻引擎最佳化技术被认为是“白帽”技术，它最符合搜索引擎的指引并且不涉及欺骗搜索引擎 spider，按照搜索引擎搜索习惯设计了一系列的规则。

7.1.2 什么是“黑帽”

“黑帽”SEO是指在优化过程中，使用作弊手段或可疑手段的SEO群体。比如说垃圾链接、隐藏网页、桥页、关键词堆砌等。在“黑帽”SEO的立场上，这种放长线钓大鱼的策略即使很正确，有的人也不愿意这么做。认真建设一个网站，有的时候是一件很无聊的事，因为你要写内容、做调查、分析流量、分析用户浏览路径并且与用户交流沟通。

“黑帽”SEO 要做的就简单多了。买个域名，甚至可以使用免费虚拟主机，连域名都省了。程序一打开，放上 Adsense 编码，到其他留言簿或博客留言（这些留言也有可能是程序自动生成的），然后就等着收支票了。而且“黑帽”SEO 有一个无法否认的论据是：你不能保证完全遵守搜索引擎的规则，就不能在 10 年以后得到一个受搜索引擎重视的网站。谁知道搜索引擎在什么时候会对它的算法做一个大的改变，让成千上万“白帽”网站从搜索引擎里消失呢。

“黑帽”SEO赚钱的方法短平快，也有它的优势。

7.1.3 “黑帽”是投机行为

“黑帽”技术大多被人用来做短期优化，以最快的速度获取收益。使用“黑帽”技术的人往往不在乎网站是否被搜索引擎惩罚，他们只要在网站获取好排名的几个月时间里，就可以迅速收回成本并赚取可观的利润。但这些利益都是短期的，特别是在为客户做 SEO 时，客户所需要的是长期利益，他们希望看到的是几年后网站仍然能在搜索引擎中获得好的排名，而不想看到获得短暂的好排名后很快地被搜索引擎惩罚。不少 SEO 服务提供者正是使用的“黑帽”技术，这样受损失的无疑是客户，这也是在 SEO 世界里不提倡使用“黑帽”技术的原因。

7.1.4 “黑帽”可取吗

搜索引擎会对 SEO 的优化手法进行判断，使用“黑帽”SEO 的网站，很有可能会遭到惩罚，发现用“黑帽”的方法，轻则降权，重则被 K。用这种方法在一段时间内不会被发现，可能也会有好的排名，但是最终还是会被发现的。

随着 SEO 技术的不断进步，“黑帽”SEO 制造垃圾信息的事件会被关注得越来越少，“黑帽”SEO 也会越来越受到排挤。

7.1.5 “黑帽”手段之桥页、跳页

桥页、跳页纯粹是为了某个特别的关键词获得好的搜索排名而设计的网页。这些网页一般不在网站的导航中出现，但是被用来引导访客更深入地进入网站其他页面。这些网页的内容很不讲究，但是在网页的底部有个链接，指导访客进入真正的有实质性内容的网站部分。

率先使用这类网页的网站是色情网站。色情网站为了吸引流量，制作了很多其他类别的网页，比如约会网、免费音乐下载等。这些网站平时人们搜索频繁，而当一个色情站的桥页在免费音乐下载这类关键词获得很好的排名的时候，吸引来的访客实际上已经被引导至该色情网站。但是，由于搜索引擎对于网站相关性有比较完善的审核，这种做法已经很难成功。

另外，从表面上看某类网页是无害的，可是这些网页常常用一些自动变更的程序或者软件来变更网页中的关键词，所以没有什么价值。搜索引擎声明，由于这些网页的建立可以自动进行，也可以很容易地生成几百或者几千张，这便稀释了互联网中网站内容间的相关性，因此从这个方面讲，搜索引擎拒绝收录这类垃圾。

桥页和跳页的做法对 SEO 本身没有好处。对于有些获得排名的桥页，因为构造过于明显，竞争对手能看透其中的做法，然后在他们的网页中克隆，这样就制造了许多重复页。搜索引擎对于重复页一般是筛选掉，所以，这个做法实际上也不明智。

7.1.6 “黑帽”手段之关键词叠加和关键词堆积

关键词叠加是指网页中过分重复使用关键词。最基本的叠加方式是在网页中访客看不见 HTML 文件中的一些地方，如标题标签、描述标签、图片的替代文字中等使用叠加。比如：

网站策划 网站策划 网站策划 网站策划 网站策划 网站策划 网站策划 网站策划 网站策划 网站策划

策划 策划 策划 策划 策划 策划 策划 策划 策划 策划 策划 策划 策划

这些词语或许大家也已经看到了，经常被一些人放在网页的尾部，字体很小，其目的就是让搜索引擎看见，“认识”这个网页的主题是“网站策划”或者“策划”，从而试图让搜索引擎给予此页在这两个关键词搜索中以有利排名。

这个做法相当过时。搜索引擎下载能够判断出这类关键词的滥用，虽然不剔除这类网页，但是不可能给它们期待的排名。

关键词堆积和关键词叠加常常指的是同样的情况，一些搜索营销人士会将两者分开。关键词叠加一般指写些垃圾句子；关键词堆积一般指将这些垃圾句子放在图片中，比如使用 Alt 标签。有些不良的营销人士在网页中插入许多透明图片，比如 cehua.gif，这种最小可为 1 像素 × 1 像素图形，然后加入如下关键词：

<img src= “images/cehua.gif” alt= “网站策划 网站策划 网站策划策划 策划” >

显然，这些词语和 cehua.gif 的应有描述不一致。关键词叠加和关键词堆积都是最初级的欺骗方法，一般做 SEO 的初学者容易采用这两个手段。搜索引擎认为这两个手段是滥用。

7.1.7 “黑帽”手段之隐藏文字和透明文字

隐藏文字是常用的作弊方式。由于并不想用多余的引诱搜索引擎阅读的文字来影响网页的面目和感觉，那么就将这些多余的文字隐藏在 HTML 编码中，只让搜索引擎看见或者使之透明而让浏览者看不见，如图 7-1 所示。

图 7-1 网页隐藏文字

有以下多种方法来达到这个效果。

□ 将文字的颜色做成与网页背景相同或者近似的颜色，也就是对<font>标签进行色彩修饰。

□ 在表单的 HTML 编码中的<input type= “hidden” >中添加文字，即使有时整个网页没有一个表单。

□ 在 noframes 标签中放入关键词，即使某一网页不存在框架。

□ 在 noscrip 和 scrip 中添加关键词，即使某一网页不存在 script。

7.1.8 “黑帽”手段之细微文字

许多做 SEO 的人士明白隐藏文字可能遭到惩罚，所以就将本来隐藏的文字以细微的文字暴露出来。细微文字即使用微小的字体在网页不显眼的地方写带有关键词的语句。一般这些文字放在网页顶端或者底部。这些文字的色彩虽然不是像隐藏文字那样与背景使用相同颜色，但是经常也以非常相近的颜色出现。

在搜索引擎眼中，像“版权所有”这样声明性的文字一般用迷你字体显示出来。由于这些细微文字浏览者一般看不到而试图“忽悠”搜索引擎，所以这些关键词和由它们组成的句子以迷你字体来显示，就具有滥用的嫌疑。

7.1.9 “黑帽”手段之障眼法

障眼法是指采用伪装网页的方式，判断来访者是普通浏览者还是搜索引擎，从而展示出不同的网页。这是一种典型的欺骗搜索引擎的障眼法。搜索引擎看到的网页是优化非常严重的一篇内容，而一般浏览者看到的则非常不同或者根本就不一样。

这个做法实际上暴露了从事搜索优化人士的黔驴技穷。他们在正常的网页上受各种设计因素的制约，已无法依靠关键词的科学处理来达到提升排名的目的，所以就人为地制作额外的对浏览者无用或者看不到的网页，再将这些网页给搜索引擎阅读。搜索引擎对于这个掩耳盗铃的做法的对策就是一个字——封。

2006年2月6日，谷歌确认德国名车制造商BMW（宝马）的德文网站从谷歌.de中被删除。在谷歌.de中输入site:www.bmw.de没有得到任何结果，www.bmw.de首页的PageRank变成了0。

对此，谷歌的软件工程师迈特·卡茨（Matt Cutts）说：“www.bmw.de制作了一些误导浏览者的网页，或者给搜索引擎阅读的不是普通浏览者阅读的网页。为了能扩大关键词在网页中出现的频率，蹩脚的SEO技术人员在一个网页中出现一些关键词几十次，分明是将网页送给谷歌看的，而不是给浏览者。”同样，卡茨还警告，日本电器制造商理光的德文网站Ricoh.de也以同样的原因被谷歌从搜索结果之中剔除。

在以上错误得到纠正后，谷歌重新收录了这两个网站。

7.1.10 “黑帽”手段之网页劫持

网页劫持也就是我们经常所说的Page Jacking，是将别人的网站内容或者整个网站全面复制下来，偷梁换柱放在自己的网站上。这个“黑帽”SEO方法对网页内容极其匮乏的站长是有吸引力的。但是，这个做法是相当冒险的，更是为人不齿的。搜索引擎的专利技术能从多个因素上来判断这个被复制的网页或者网站不是原创，而不予以收录。

7.2 网站被降权后的处理

因为国内主要的搜索引擎为百度和谷歌，所以这里只以百度和谷歌搜索引擎为例。百度降权的主要表现方式是：收录大规模减少，排名迅速下降，时常伴随着首页被K；谷歌降权的主要表现方式是：网站排名降低，收录停滞，偶尔伴随着一些页面的被K。

7.2.1 网站被百度降权怎么办

那么该如何解决网站被K的问题，使网站脱离被K的状态呢？

□ 检查网站是否使用过Alt，特别是LOGO上面是否使用了关键字Alt标签，如果有，则去掉。

□ 检查网站是否使用了H1标签。除博客系统自然定义的H1标签外，任何网站都尽量避免使用H1标签，如果网站被降权，则去掉H1标签。

□ 如果是新站刚刚被收录，那什么也不用动，因为这个时候可能并不是降权，不要着急，保持更新，稳定站外链接。如果存在第一、第二点的手法，就尽早去掉。

□ 检查是否有不良友情链接，检查这些链接的页面都是什么地方，IP地址是什么，这个IP地址有没有被处罚过，如果有，尽快去掉。

□ 检查网站所在服务器是否因为别人的网站受到了处罚。

□　检查网站的内容是不是被某些大型网站进行了转载并且未说明出处。有时候不是因为内容重复度过高而降权，而是因为网站的某些文章是门户站或一些大型网站的文章而被降权。

□　检查网站是否有弹窗、木马，以及被黑客 SEO 入侵后挂上了别人网站的隐形链接。新站和网站大量改版时要保持网络畅通，否则影响会很大。

□　如果以上问题都注意了，百度还是没有给你解决，最后一招就是修改首页的 Title。这个方法是不得已而为之的，如果确定你的网站有足够的高质量内容，没有以上提到的那些内容，那么可以考虑这个方法。

7.2.2　网站被谷歌降权怎么办

谷歌降权与百度相比其实是比较少见的，而且降权的方式很温柔，处理也相对容易。

□　降权后先去 Site 一下你的域名，检查一下你的网站是某些内页被降权还是首页被降权。如果是首页被降权，那先想想是不是沙盒①了，如果不是沙盒，就具体问题具体分析；如果是内页被降权，考虑一下是不是有可能进了单页面沙盒，先等待几天再观察。

□　如果确定不是沙盒，而且页面 Site 还在，那么检查关键词密度，以及关键词分布，看看有没有罗列关键词，检查 Title 是不是合理，Keywords 里面的关键字是不是合理。

□　如果没找到 Site 降权页面，但是这个页面就是被 K 掉了，这时候如果你有耐心可以把被 K 掉的页面重新设计一下，然后布置一下网站的站内链接，增加几个指向这个页面的站外链接。当然最好的办法其实还是换一个地址做一个页面，把可能的原因找出来，这样可以在最短的时间内拿回排名。

① 谷歌沙盒，指一个新的网站，有大量高质量的链接，有很丰富的相关内容，所有一切都优化得很好，但是在一段时间之内，就是很难在谷歌里面得到好的排名。沙盒有点像给新网站的试用期。一般在试用期内，新网站无法在竞争比较激烈的关键词下得到好的排名。

7.3 搜索引擎、用户的搜索习惯分析

7.3.1 谷歌搜索引擎习惯

谷歌作为全球最大的多语言搜索引擎在发展历史过程中形成了自己的网页收录习惯，也建立起了自己的一套标准。研究谷歌收录网页的习惯有利于更好地迎合谷歌搜索引擎的口味，达到提高网页收录量和收录排名的目的。

谷歌收录有以下特点。

1. 敏感度较高、反应较快

谷歌对新建的网站具有较高的查知性，当然，新建的网站必须要有外部链接或者向谷歌递交过网站登录信息；否则，即使谷歌的搜索技术再厉害，只有站长一个人看得见的网站是很难被谷歌发现的。谷歌收录新建网站的两个途径是：第一，通过网站的外部链接；第二，通过向谷歌提交网站登录数据。一般而言，后者的收录速度相对较快，而前者则要视谷歌对新建网站的外部链接网站的收录频率而定。如果谷歌对外部链接网站的评价高、收录频率高，那么其发现新站的速度相应地也高，新建网站被收录的日期就会被提前。

2. 相关性和重要性并重

谷歌使用 PageRank 技术检查整个网络的链接结构，并确定哪些网页重要性最高。然后进行超文本匹配分析，以确定哪些网页与正在执行的特定搜索相关。在综合考虑整体重要性以及与特定查询的相关性之后，谷歌才将最相关、最可靠的搜索结果放在首位。这也是谷歌收录网页的特点之一。

3. 变化较快、机动性较高

谷歌漫游器会定期抓取 Web，将大量网页列入索引。稍后完成的下一次抓取会注意到新网站、对现有网站的更改以及失效的链接，并对内容的变化在搜索结果中加以调整。

4. 较重视链接的文字描述

谷歌会将链接的文字描述作为关键词加以索引，所以我们在作友情链

接时千万要仔细设计链接的文字描述，使之既符合网站的定位又不失相关性，以此博得谷歌的信任。

5. 较重视网页Meta标记的描述

大多数时候谷歌显示搜索结果时会把网页的描述显示出来，并占有较重的篇幅。

7.3.2 百度搜索引擎习惯

百度是全球最大的中文搜索引擎，对中文网页的搜索技术在某种程度上领先于谷歌，百度除了在某些方面与谷歌有相同或相似之处外，它还有以下特点。

1. 较重视第一次收录印象

网站给百度的第一印象比较重要，相对谷歌而言，百度搜索引擎的人为参与度较高，也就是说在某些层面上可能由人来决定是否收录网页而不是由机器来决定。所以，网站在登录百度搜索引擎之前最好把内容做得丰富点、原创内容多一点、网页关键词与内容的相关度高一点，这样才能给百度较好的初次印象。

2. 对网页的更新较敏感

百度对网页的更新相对谷歌而言更加敏感，可能这与百度的本土性格有关。百度搜索引擎每周都会更新，网页视重要性有不同的更新率，频率在几天至1个月之间。所以在百度的搜索结果中基本上都标明了收录时间。

3. 较重视首页

百度对首页的重视程度要比谷歌高得多，这与上面提到的“较重视第一次收录印象”一脉相承。百度在显示搜索结果时也常常把网站首页显示出来，而不具体到某个内容页（当其认为不够重要时）。相对而言，其用户体验打了折扣，而增加了其“百度快照”的用户量。

4. 较重视绝对地址的链接

百度在收录网页时比较重视绝对地址的收录，百度提供的网页快照功能也没有解析相对地址的绝对路径，不知这是百度技术的疏忽还是其偏好的一大体现。

5. 较重视收录日期

百度对网页的收录日期非常看重，这也是其搜索结果排名的参考点。被收录得越早排名会越靠前，有时甚至不考虑相关性地把它认为比较重要的内容放在首位，而点击进入之后才发现是早已过时的信息或者垃圾信息。这是百度需要改进的技术。

7.4 网站常用的10个SEO操作法则

1. 网站选择的关键词要有搜索量，而且与网站内容相关。
2. 网站标题最多融入2～3个关键词。
3. 网站重要页面一定要静态化。
4. 要学会自己来写网站的原创内容。
5. 内容要保持及时更新。
6. 网站内部链接要形成蜘蛛网状，相互链接。
7. 多增加相关网站的反向链接。
8. 不要主动链接被搜索引擎惩罚的网站。
9. 不要为SEO而SEO，网站面向的是用户。
10. 不要作弊，搜索引擎比你聪明。

第8章 网站经典SEO案例分析

8.1 大型门户网站 SEO 策略详解

一般大型网站每天搜索引擎带来的流量是最多的。原因很简单，因为大型网站的页面多则能达到上亿页，而且大型网站做的是整体 SEO，如果一个页面在搜索引擎上提升一位排名，一个页面每天多获得一个 IP，那么网站整体每天就可以从搜索引擎上获得几百万或几千万个 IP 了。

大型门户网站做 SEO 重点分为以下几个页面。

- 首页。
- 频道页。
- 栏目页。
- 专题页。
- 文章页。

1. 大型门户网站的关键词分配

那么每个页面都如何分配相应的关键词呢？这是一个关键词选择的问题，也是一种策略，下面就讲一下什么页面应该配什么样的关键词。

- **首页**

首页的关键词应配品牌词，比如说新浪网、当当网等关键词一般不会设为网站的核心词，新浪网首页肯定不会做“新闻”等相似关键词的排名。

- **频道页**

频道页的关键词应配核心关键词，比如“体育”“MP3”“汽车”等关键词。可以把每个频道页面看作是一个行业网站，频道页不仅可以在搜索引擎上获得大量的 IP，同时也是让 spider 抓取更多页面的通道，一般以二级域名显示。

● **栏目页**

栏目页的关键词应配中尾关键词，比如“体育图片”“MP3 下载”“汽车报价”等关键词，栏目页可以看作是频道页的一个延续和长尾。

● **专题页**

专题页的关键词应配热门关键词，比如“2010 年春节晚会”“《南京！南京！》”等关键词，即排当今最流行、最热门的关键词。因为专题页是把很多的相关文章、图片、视频等内容聚合到一起，排名很有优势，用户也很喜欢看。

● **文章页**

文章页的关键词应配长尾关键词，比如“北京最好的牙科医院”“什么是 SEO”等关键词，用户虽然搜索量相对比较小，但是文章页比其他页面都多，一个大型门户网站的文章页占整体网站的 80%。

2. 大型门户网站的站内链接策略

首先我们看以下这几个页面站内链接的策略。

- 首页。
- 频道页。
- 栏目页。
- 专题页。
- 文章页。

文章页正文内容相应关键词重点会链接到专题页，专题页又会链接到文章页和栏目页，栏目页又会链接到文章页和专题页，频道页会链接到栏目页和文章页，那么首页是所有页面的聚合体，首页会链接到所有的页面。

大型门户网站除了上面讲到的关键词分配和链接策略与其他网站不同之外，像文案撰写、代码优化、外部链接、数据分析等，这些内容都在本书的前几章中有详细的介绍，本节中不再讲述，下面就进入实战的案例分析。

8.1.1 新浪网站专题 SEO 策略详解

新浪网作为中国门户网站的代表，在各个方面都具有它的发展标志，自然新浪在 SEO 方面也相当突出，随便搜索几个热门关键词，总能看到新浪网站的身影。

新浪网站在突显 SEO 方面最擅长的就是专题的 SEO，也是对于门户网站获得流量最多的页面，所以现在就分析一下新浪网做专题页面都使用了哪些 SEO 策略。

相信喜爱体育的朋友对“NBA”这个关键词并不陌生，根据百度指数就可以看出每天平均有 20 多万的搜索量，可想而知这个关键词受热爱的程度。

在百度和谷歌分别搜索“NBA”关键词，如图 8-1 和图 8-2 所示，分别看一下都有哪些网站排在了前面。

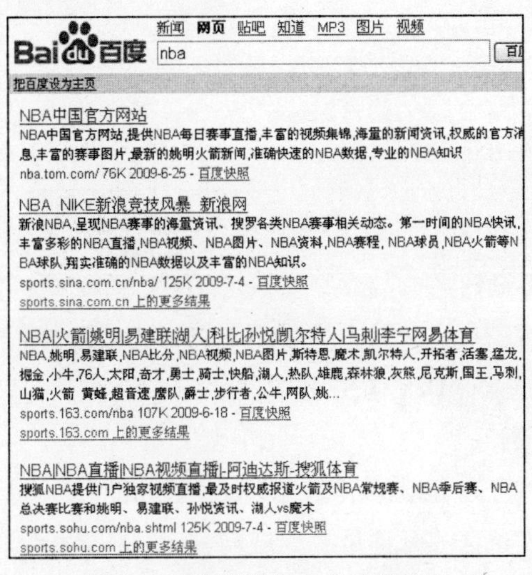

图 8-1　百度搜索“NBA”相关结果

可以看到百度和谷歌的搜索结果前两名都是一样的，tom.com 第一名，新浪第二名，那是不是代表 tom.com 做 SEO 比新浪要好呢？其实不然，因为 tom.com 是 NBA 中国官方网站，即使 tom.com 网站没有做任何 SEO 手段，排在第一名也是理所当然的。

tom.com 的排名从 SEO 角度来看可以忽略，像这种情况大部分都是搜索引擎网站人为控制的。那么来分析一下排在第二名的新浪网，在这么热门的关键词里，新浪网是如何获得好排名的？

注意：严格来讲 http://sports.sina.com.cn/nba 页面属于栏目页，因为此页面受热爱的程度高，新浪在设计时已经侧重了专题页面的设计，所以我们就把它看作是专题页面。

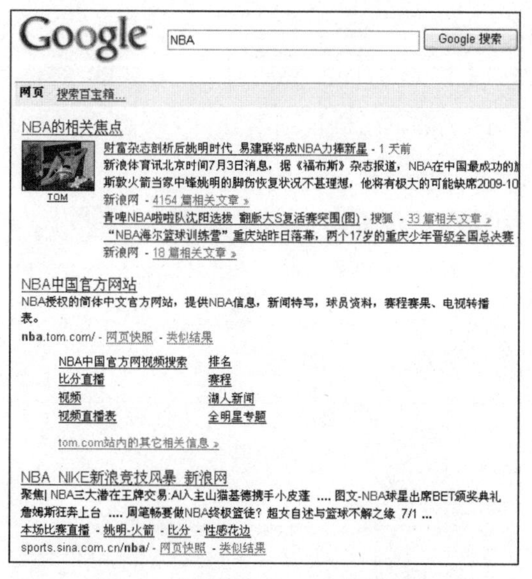

图 8-2 谷歌搜索“NBA”相关结果

1. DIV+CSS设计

打开页面查看源代码，该页面是用 DIV+CSS 设计而成的，简单、统一化，搜索引擎很喜欢 DIV+CSS 的页面。

2. 静态化页面

此专题页的网址是 http://sports.sina.com.cn/nba ，很明显是采用静态化页面，搜索引擎无论在收录速度、抓取内容量、权重分配等方面都有很大的优势。

3. 路径设计

在前面的章节里讲过，网页路径中带有关键词是有利于排名的，因为搜索引擎能对路径和网页关键词进行匹配。所以此专题页路径 http://sports.sina.com.cn/nba 的“NBA”正好与关键词相匹配，而且是相同的。

4. 标签设计

- Title

<title>NBA_NIKE 新浪竞技风暴_新浪网</title>

优点：

□ 标题的关键词排序是按照从专题页、频道页再到首页的顺序进行的，也就是把最重要的关键词放在最前面；

□ 没有特殊符号；

□ 字数正合适。

缺点：

□ 把“NIKE新浪竞技风暴”干扰文字去掉会更佳；

□ 可能处于美观上的考虑，如果把“_”换成“-”会更有利于排名。

● Keywords

<meta name="keywords" content="nba直播,nba火箭,nba视频,nba图片,nba排名,nba在线直播,nba文字直播,nba赛程,nba新闻,nba球员" />

优点：

□ 每个关键词都含有核心关键词；

□ 融入了大量的长尾关键词；

□ 用半角的逗号进行隔开；

□ 没有多余的干扰文字。

缺点：关键词数量太多，控制在1～4个为佳。

● Description

<meta name="description" content="新浪NBA，呈现NBA赛事的海量资讯、搜罗各类NBA赛事相关动态。第一时间的NBA快讯，丰富多彩的NBA直播，NBA视频、NBA图片、NBA资料，NBA赛程，NBA球员，NBA火箭等NBA球队，翔实准确的NBA数据以及丰富的NBA知识。" />

优点：

□ 重复14遍关键词（因为新浪网是大型门户网站，并且本关键词是热门词，重复多次关键词不会受到搜索引擎惩罚，反而会对排名有利，但也不要恶意堆积关键词）；

□ 融入了大量的长尾关键词，可以看到每一个“NBA”后面都带有长尾关键词；

□ 语句通顺，描述的内容与本专题页面里的内容相符；

□ 用全角的逗号进行隔开。

几乎接近完美的描述，很难找到缺点。

5. 内容策略

新浪的内容原创性主要有两种：一是与报纸合作，新浪和多家报纸进行了内容合作，只要是报纸上报道的，新浪就会刊登，而且报纸上的内容原创性是极高的，如果新浪转载到网络上来，那么搜索引擎会识别出此文章在互联网上属于原创内容，从而会大大地增加网站排名权重；二是新浪原创，新浪也有很多自己的编辑，制作出原创的内容对于这个大网站来说也不是问题。

原创性有了，但还要有及时性，如果网站每天更新一篇文章，那么 spider 就有可能一天来一次；如果网站每小时更新一篇文章，那么 spider 就有可能一天光顾你的网站 24 次。更新得越快 spider 就会来得越勤，收录量就越多，权重也会越高。

此专题页面每天更新的原创文章不少于百篇，多者每天更新几百篇。这样的更新速度和原创性，没有搜索引擎是不喜欢的。

6. 链接策略

就拿本专题页面来说，链接设计的真可谓是一个大蜘蛛网。首先此专题页面是由新浪 *N* 多篇文章所组成的一个集合体，这 *N* 多篇文章几乎每篇提到“NBA”关键词的时候，都会链接此专题页面。新浪网站本身权重就高，又用 *N* 多个内部链接同时指向此专题页面。当 spider 每抓取这 *N* 多篇文章中的一篇的时候，spider 都会通过链接到达此专题页面，并且记录链接的文字、地址、次数、到达的页面等，每链接一次可谓又增加一次权重。

在新浪权重最高的首页，导航栏上也有“NBA”的页面链接，这一个链接可谓是整个内部链接给予权重最大的，搜索引擎也不会不重视这一个链接。

上面说的链接是内部链接，那么我们再看一下此专题页面的外部链接如何。用雅虎查了一下此页面的反向链接，如图 8-3 所示。

链向该地址的网页： 共 5777 条 当前显示 第1 - 50 条

图 8-3 新浪“NBA”专题页面雅虎反向链接数

链接此页面的网站排在前面的有：虎扑 NBA、hao123 网址之家等，这些都是 PageRank 值很高而且很相关的网站。

新浪网站做出了以上几个策略，这六大项的每一项都是新浪网获得好排名的重要因素。

之所以能得到百度和谷歌网站的喜欢，最重要的是因为新浪用内容和链接征服了搜索引擎。内容和链接也是 SEO 的精髓所在。

8.1.2 中关村在线专题 SEO 策略详解

中关村在线（www.zol.com）属于中国 IT 业最知名的网站之一，无论信息量，还是用户体验都非常不错，特别是网站的 SEO 在行业网站中几乎接近完美。

下面就来测试一下中关村在线网站在搜索引擎上的表现。因为中关村在线网站与 IT 相关，那么就搜索一下手机产品名称，搜索“诺基亚 N95”，如图 8-4 和图 8-5 所示。

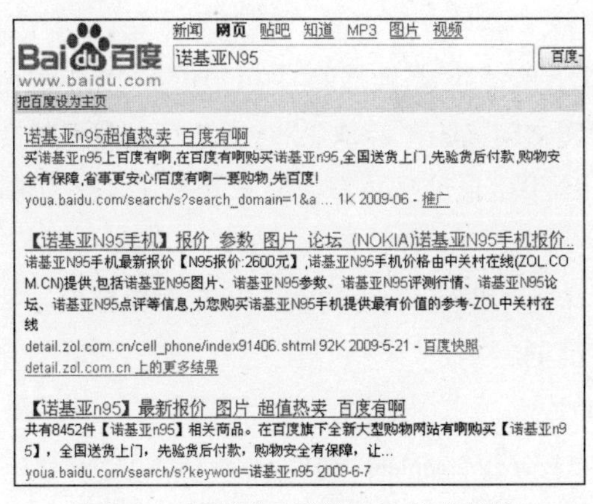

图 8-4　百度搜索“诺基亚 N95”的结果

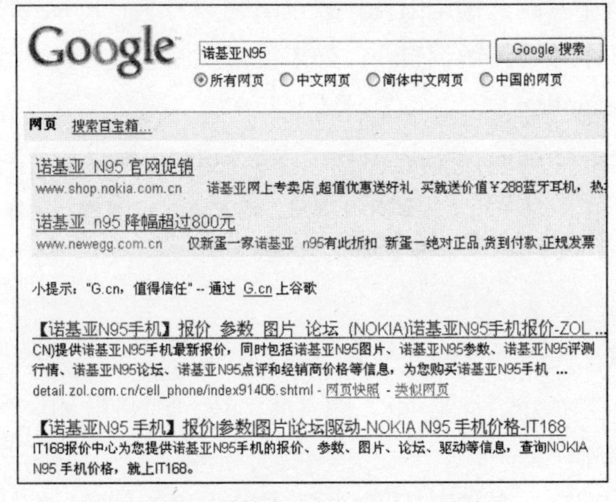

图 8-5　谷歌搜索“诺基亚 N95”的结果

我们看到除了竞价排名外自然排在第一名的都是中关村在线网站，点进网站看一下具体都使用了哪些 SEO 策略。

1. 标签

- Title

<title>【诺基亚 N95 手机】报价_参数_图片_论坛_(NOKIA)诺基亚 N95 手机报价-ZOL 中关村在线</title>

前半部分“【诺基亚 N95 手机】报价_参数_图片_论坛”，充分考虑到了核心关键词的一个延伸，有人搜索“诺基亚 N95”“N95 手机”，也会有人搜索“诺基亚 N95 报价”参数、图片、论坛等关键词，此标题前半部分都包括在内了。

后半部分“(NOKIA)诺基亚 N95 手机报价-ZOL 中关村在线”，考虑到了用户未必都会搜索中文的“诺基亚”，也会有人搜索英文的“NOKIA”，后面“诺基亚 N95 手机报价”又重点突出了一遍核心关键词，让用户和搜索引擎都很明了此网页的重点是什么。最后“ZOL 中关村在线”是署名，但也不排除 ZOL 的忠实粉丝们会搜索“ZOL 手机报价”“诺基亚 N95 中关村在线”等关键词。

- Keywords

<meta name="keywords" content="N95，NOKIA N95，诺基亚 N95，诺基亚 N95 手机报价，NOKIA N95 报价" />

这里没有多余的关键词出现，就是围绕“N95，NOKIA，诺基亚，手机报价”这 4 个核心关键词展开，如果重复率低些效果会更好。

- Description

<meta name="description" content='中关村在线(ZOL.COM.CN)提供诺基亚 N95 手机最新报价，同时包括诺基亚 N95 图片、诺基亚 N95 参数、诺基亚 N95 评测行情、诺基亚 N95 论坛、诺基亚 N95 点评和经销商价格等信息，为您购买诺基亚 N95 手机提供最有价值的参考' />

这一段文字是模板式的，描述里只要出现“诺基亚 N95”关键词都是使用的标签，如打开诺基亚 N87 的页面，除了“N87”和“N95”字样不同，其他语名都一模一样。

本描述出现的 7 个“诺基亚 N95”核心关键词，每一个核心关键词后面都有相应的长尾关键词，后面长尾关键词的搭配是由用户搜索量和自身网站提供挑选出来的。此描述不但能顺利地把核心关键词和长尾关键词都带出来，而且能调动起用户点击的欲望。

2. 关键词分布

● Title、Keywords、Description

<title>【诺基亚 N95 手机】报价_参数_图片_论坛_(NOKIA)诺基亚 N95 手机报价-ZOL 中关村在线</title>

<meta name="keywords" content="N95，NOKIA N95，诺基亚 N95，诺基亚 N95 手机报价，NOKIA N95 报价" />

<meta name="description" content='中关村在线(ZOL.COM.CN)提供诺基亚 N95 手机最新报价，同时包括诺基亚 N95 图片、诺基亚 N95 参数、诺基亚 N95 评测行情、诺基亚 N95 论坛、诺基亚 N95 点评和经销商价格等信息，为您购买诺基亚 N95 手机提供最有价值的参考' />

把关键词分布在以上 3 个标签中，是最有利于排名的。

● H1

在网站的左上方有“诺基亚 N95”字样，如图 8-6 所示，就是使用 H1 标签，代码如下：

<H1>诺基亚 N95</H1>

图 8-6 “诺基亚 N95”专题页面的 H1 标签

● Alt

网页上部分图片上都有 Alt 标签，如图 8-7 所示，也大大增加了关键

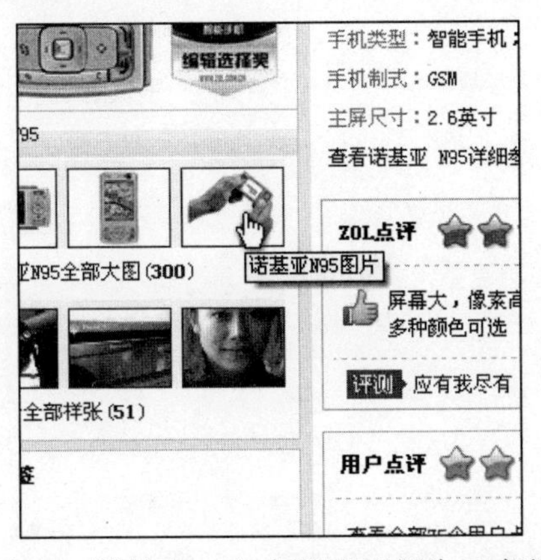

图 8-7 “诺基亚 N95”专题页面的图片 Alt 标签

词在网页中的密度。

● 小标题

在网页中不同的地方都会看见“诺基亚 N95”字样，把每个小标题收集到一起，效果如图 8-8 所示。

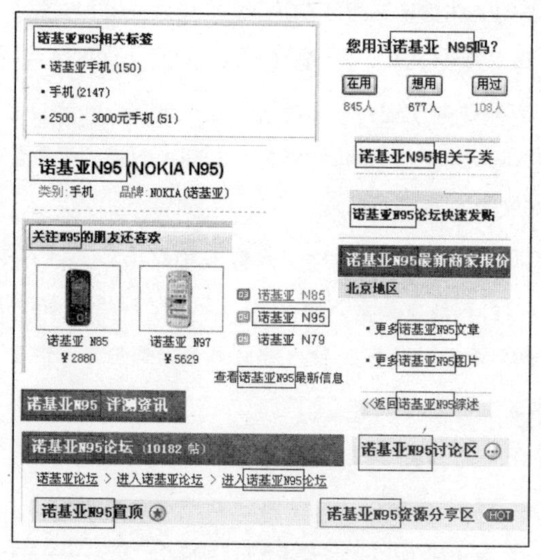

图 8-8 “诺基亚 N95”专题页面关键词分在小标题上

如果你现在在上网，可以打开此专题页面看到每个带有核心关键词的小标题分布得很平均、很自然，多数为加粗效果。网址为 http://detail.zol.com.cn/cell hone/index91406.shtml。

3. 网页静态化

看到 URL 后缀是.shtml 就可以分辨出此网页是静态的，目的是更快地收录和更好地抓取网页上的内容，从而得到更好的排名。

4. 网页内链接

大网站的链接一般都是靠内部链接，基本上在中关村在线的网站上与诺基亚相关的手机专题里都能看到此“诺基亚 N95”专题的链接，如图 8-9 所示。

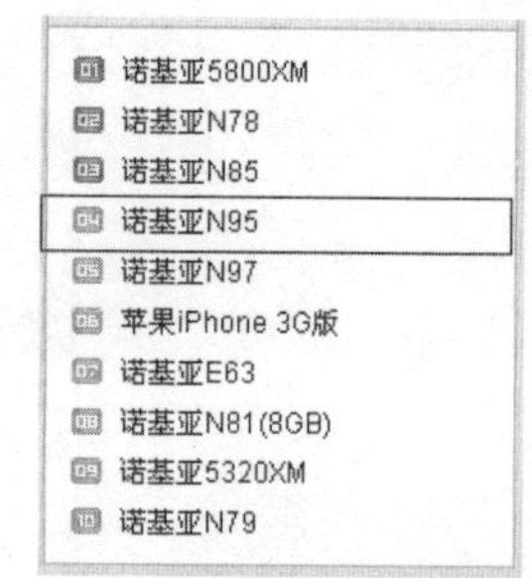

图 8-9 “诺基亚 E63”专题页面上的诺基亚 N95 链接

此专题页面上的每一篇资讯文章打开后，

在文章第一段提到“诺基亚N95”关键词的时候都会有相应的链接。也可以这么理解，只要是中关村在线网站上有“诺基亚N95”关键词的都会链接到此页面，链接数量可想而知。

5. 内容

- **原创**

“诺基亚N95”专题页面有专业的编辑撰写本型号手机评测、行情的资讯文章，这对搜索引擎的收录和排名提供了一个很好的保障。

- **转载**

此专题页面上的文章也有很多是转自互联网的。因为独立编辑的能力和更新速度是有限的，只要是用户所需要的，能给用户提供帮助的，那就是好文章，所以转载文章也是一种价值，但对于搜索引擎来说作用相对比较小。

- **用户创造**

最佳创造内容的方法就是让用户主动提供原创且相关的文章，那么在此专题里有3块内容是用户主动提供的。

一是诺基亚N95论坛上的内容。当用户每发一个帖子，都在此页面显示，原创且相关。

二是用户点评。如果你用过此款手机或对此手机有什么样的看法都可以在这里作出点评，同时又保证了文章的原创性。

三是促销信息。商家发布的有关诺基亚手机促销的信息也会显示在本页面，商家最怕广告少，所以更新速度非常快，而且每一篇促销信息都是相关的。

“诺基亚N95”专题页面的SEO用的方法不是很复杂，但是每一招用得都很自然、合理，好的网站不但要有好的内容和体验，更重要的是用策略把它们组织起来。

8.2 阿里巴巴电子商务网站SEO策略详解

阿里巴巴这个名字大家都很熟悉。阿里巴巴刚开始运营不到一年的时候，在谷歌上搜索阿里巴巴网站上行业产品名称的关键词，大部分都排到了前10名，最差也是前20名。阿里巴巴每天从搜索引擎带来的流量非常大，后期由于谷歌调整了一系列的算法，阿里巴巴的排名就没有那么靠前了。不过现在在阿里巴巴网站首页上复制几个行业产品名称去谷歌搜索一下，大部分仍然排在前 15 名左右。

阿里巴巴是如何获得这么好的排名，又是如何征服搜索引擎的？就让我们在这节里马上揭晓。

1. 首页

大型 B2B 类电子商务网站的首页不需要刻意地去排某个关键词，要做成一个大地图页面（如图 8-10 所示），当然不能忽略用户体验。首页把所有的行业名称、产品名称都聚集在一起，让 spider 通过不同的关键词来抓取不同的页面。从首页可以到达频道页、栏目页、列表页、产品详细页、专题页、文章页等，这样通过链接让 spider 抓取所有的页面，为网站整体做贡献。这样可以提升网站整体页面关键词的排名，流量也会大大提升，而且用户更多元化。

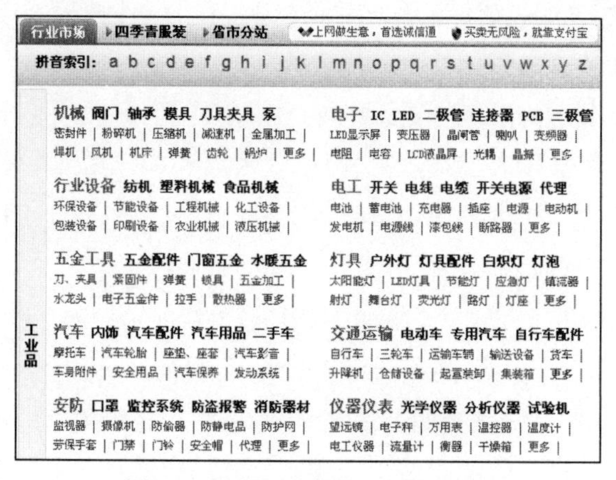

图 8-10 阿里巴巴首页“地图”效果

2. 频道页

下面从几个不同点来分析几个不同的频道页面。

- 标签

从阿里巴巴首页点进“展会”频道，查看源代码。

```
<title>展会网-专业领先的展会服务平台-阿里巴巴</title>
<meta name="description" content="阿里巴巴展会网，专业领先的展会网站，提供丰富的展会信息和展会商机，帮助参展商和买家寻找展会，轻松达成生意！" />
```

```
<meta name="keywords" content="北京展会，北京展览网，北京展览，博览会，参展商名录，代理招展，电子展会，电子展览，服装展会，服装展览，广交会，广州展会，广州展览，会议，会展，会展服务，会展公司，会展网，会展中心，会展资讯，汽车展，上海展会，上海展览，深圳展会，深圳展览，网上博览会，网上展览会，医药展会，医药展览，展会，展会报告，展会查询，展会网，展会资讯，展览，展览登记，展览服务，展览公司，展览馆，展览会，展览网，展商名录，展台设计，展位设计" />
```

Title——“展会网-专业领先的展会服务平台-阿里巴巴”

优点：

- 字数为18个，正合适；
- 核心关键词放在了最前面；
- 没有特殊符号；
- 融入2个关键词，密度合适。

缺点：没有融入长尾关键词。

Description——“阿里巴巴展会网，专业领先的展会网站，提供丰富的展会信息和展会商机，帮助参展商和买家寻找展会，轻松达成生意！”

优点：

- 字数为48个，正合适；
- 突出了“丰富的”“帮助参展商和买家”“商机”“轻松达成生意”等字眼，使用户产生更强烈的点击欲望；
- 没有特殊符号；
- 融入4个关键词，密度合适；
- 融入了长尾关键词，如“展会信息”“展会商机”“参展商”“寻找展会”等关键词。

缺点：

- 核心关键词没有放在最前面；
- 没有加入长尾关键词，如“北京展会”“上海展会”等。

Keywords——“北京展会，北京展览网，北京展览，博览会，参展商名录，代理招展，电子展会，电子展览，服装展会，服装展览，广交会，广州展会，广州展览，会议，会展，会展服务，会展公司，会展网，会展中心，会展资讯，汽车展，上海展会，上海展览，深圳展会，深圳展览，网上博览会，网上展览会，医药展会，医药展览，展会，展会报告，展会查询，展会网，展会资讯，展览，展览登记，展览服务，展览公司，展览馆，展览会，展览网，展商名录，展台设计，展位设计”

优点：

- 融入了很多长尾关键词和相关词；
- 每个关键词都用逗号隔开。

缺点：关键词过多。

接着来看一下此页面在搜索上的表现，如图 8-11 所示。

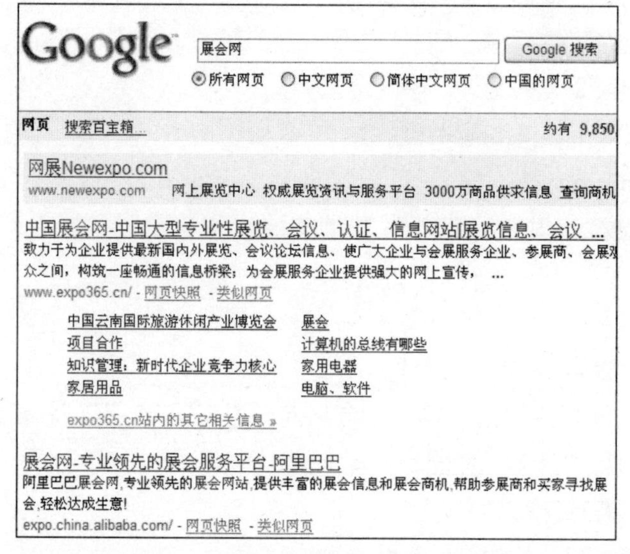

图 8-11　阿里巴巴“展会网”关键词谷歌排名

关键词“展会网”排在了谷歌自然搜索第 2 名，“展会”关键词排到了第 10 名，总体来说表现还是不错的。

- **关键词分布**

网站除了要有好的标签设计外，还要把关键词合理地分布在网页的各个位置上，如“库存二手”频道页就很好地把关键词分配得很合理，如图 8-12 所示。

可以看到页面把“库存”二字分配到了每一个行业产品词的前面，这样本身对用户来说是合理的，只要对用户合理，那么搜索引擎也不会认为你是在作弊，相反网页核心关键词密度加大了，搜索引擎会认为此页面是与“库存”相关的，排名也会提高，而且是给每个行业产品词的前面都加上了长尾关键词。

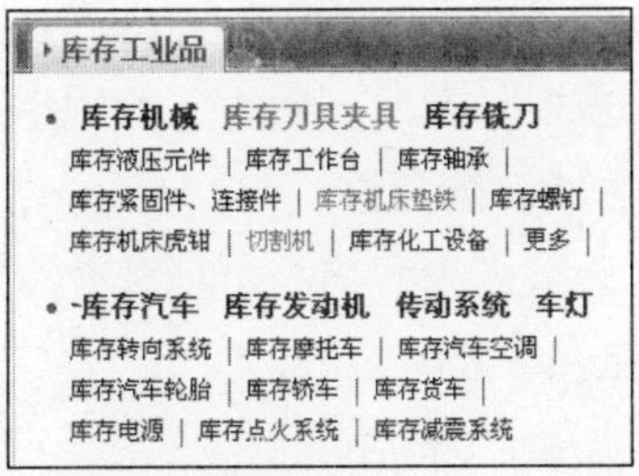

图 8-12 阿里巴巴“库存二手”频道部分页面

此频道页面可以细分为3个关键词，即“库存”“二手”和“废料”，在网页前3屏重点突出的是“库存”，在后2屏分别为“二手”和“废料”。这3个关键词意思相同，但主要突出了“库存”。在网页中多个关键词不可怕，可怕的是主次分不清。

● **内容**

此频道页面的内容大多数是由“库存+行业产品名”组成的，也谈不上是否为原创，而且一般都以固定内容居多。

用户是不是会以为如果以固定内容居多，那大多数是不更新的，spider是不是就很少“光顾”这里？对这个问题阿里巴巴比我们想得要早，它在众多固定文字的情况下同时融入了“资讯”“最新求购”“最新报价”等板块，除了“资讯”外都是用户每天创造的新内容，而且原创性极高，同时在关键词上与整体网页也很相关。

● **链接**

如果说首页是一个“大地图”，那么频道页就是一个“小地图”。可以看到“库存二手”频道页面的站内链接，大多数都是链接到搜索某个关键词的搜索结果页面，目的是让用户更便捷地找到相关商品，让搜索引擎通过此页面到达一个搜索结果页面。所以说此频道页就是每个关键词搜索结果的入口。

上面讲的是把“库存二手”频道页面链接到别处，那么谁来链接“库存二手”频道页面呢？相信在阿里巴巴网站里有很多网页都链接到了此页面，其他细节不说，就说在大名鼎鼎的阿里巴巴网站首页上，而且是在频道栏第三个频道的重要位置上，始终放置着“库存二手”频道的链接。这一个链接的权重是相当大的，完全可以增加 spider 来的次数、抓取内容的深度以及搜索引擎给予的权重。

3. 列表页

我们来分析一下“茶叶”的列表页（http://list.china.alibaba.com/buyer/offerlist/10041.html）。

● **标签**

查看“茶叶”列表页的源代码可以看到重要标签部分。

```
<title>茶叶 茶叶批发 茶叶制造商-阿里巴巴</title>
<meta name="description" content="阿里巴巴茶叶贸易市场是全球顶尖的产品交易市场，您可以查看海量精选的茶叶产品供应信息，还可以浏览茶叶公司黄页，与商友在线洽谈，查找最新茶叶行业动态、价格行情，搜索即时展会信息等。阿里巴巴&mdash;&mdash; 为您打造专业的在线贸易平台!">
<meta name="keywords" content="供应茶叶，茶叶供应，茶叶批发市场，茶叶批发，茶叶行情，茶叶">
```

Title——“茶叶 茶叶批发 茶叶制造商-阿里巴巴”

此3个标签都是固定的模板，下面所分析的是模板设计，而不是某个标签。

优点：

□ 核心关键词放在了最前面；

□ 没有特殊符号；

□ 融入3个关键词，密度合适；

□ 配有相关长尾关键词，而且长尾关键词的搭配与用户的搜索习惯很吻合。

Description——“阿里巴巴茶叶贸易市场是全球顶尖的产品交易市场，您可以查看海量精选的茶叶产品供应信息，还可以浏览茶叶公司黄页，与商友在线洽谈，查找最新茶叶行业动态、价格行情，搜索即时展会信息等。阿里巴巴&mdash；&mdash；为您打造专业的在线贸易平台！”

优点：

□ 融入了4个核心关键词，密度合适；

□ 突出了“全球顶尖”“海量精选”“公司黄页”“与商友在线洽谈”等字眼，使用户产生更强烈的点击欲望；

□ 没有特殊符号；

□ 融入了长尾关键词，如“交易”“供应信息”“价格行情”“展会”等关键词。

缺点：

□ 核心关键词没有放在最前面；

□ 出现错误代码“&mdash；&mdash”。

Keywords——“供应茶叶，茶叶供应，茶叶批发市场，茶叶批发，茶叶行情，茶叶”

优点：

□ 带有核心关键词；

□ 带有长尾关键词；

□ 没有特殊符号。

缺点：

关键词数量太多，控制在1～4个关键词为佳。

此列表页面里除了标签里的长尾关键词外，在页面的上部、中部、下部都合理地融入了长尾关键词。

在列表页上部，在图8-13中可以看到“保键茶、青茶、黑茶、白茶、黄茶等”，这些长尾关键词能给用户带来细分的体验，又能增加本页面的长尾关键词，一举两得。

按类目选择

保健茶 (12388)	青茶 (47092)	黑茶 (17687)	白茶 (1339)	黄茶 (175)	绿茶 (19561)
红茶 (4058)	花果茶 (10715)	其他茶叶 (1942)			

图8-13　阿里巴巴“茶叶”列表页上部

在列表页中部，在图8-14中可以看到标题中列有很多长尾关键词，如“铁观音、清香型、浓香型、青茶、袋泡茶、二级本山茶、茶叶批发等”。这些长尾关键词都是商家自己设计出来的，商家也想为自己的标题多增加长尾关键词从而增加流量，所以每个商家都在标题里融入长尾关键词，那么此列表就是一个关于茶的长尾关键词的大聚合页面，最后的赢家当属阿里巴巴。

批发供应安溪铁观音 清香型 浓香型青茶 11号 06/13 10:54
品牌:珍田 卫生许可证:350206-003724 净重:250g 保质期:12个月以上
外包装:礼盒 内包装:真空7.5g小袋 有机食品:是 绿色食品:
发布者: 厦门珍田商贸有限公司 [已核实]

供应冬凌草 蒲公英 银杏 灵芝 决明子系列袋泡茶(图)
品牌:SN 卫生许可证:1175 保质期:12个月以上 保健功能:清咽喉,养生
发布者: 北京世纪神农生物技术有限责任公司 [已核实]

批发安溪铁观音茶叶，二级本山茶，铁观音茶，茶叶批发
卫生许可证:闽2007第350524002039 净重:250 保质期:12 等级:三等级
装 绿色食品:是 品种:铁观音 新奇创意项目:报名 特产:是
发布者: 安溪县龙涓乡吴记茶行 [已核实]

图 8-14 阿里巴巴“茶叶”列表页中部

在列表页下部，在图 8-15 中可以看到“相关搜索”，此处类似于搜索引擎网站搜索结果的下部，是根据用户搜索关键词的次数而排列的。第一个好处是可以让用户找到更适合自己的想要的页面，第二个好处是可以增加页面关键词密度和长尾关键词。最好的 SEO 策略是既增加用户体验，又能得到好的搜索引擎排名。

相关搜索	乌龙茶叶	保健品茶叶	龙井茶叶	武夷山茶叶	茶叶碧螺春
	茶叶批发	茶叶包装	铁观音茶叶	茶叶包装盒	茶叶包装机

图 8-15 阿里巴巴“茶叶”列表页下部

在每个长尾关键词里都已经含有核心关键词，所以在这个页面中长尾关键词和核心关键词是并行表现出来的。

在这里值得一提的是在列表页面的左上方（LOGO 右侧）为调用此页面标题的文字，如图 8-16 所示，目的是告诉用户此页面的内容和增加页面关键词的密度。

阿里巴巴 Alibaba.com.cn 茶叶 茶叶批发 茶叶制造商-阿里巴巴

图 8-16 “茶叶”列表页调用的文字效果

● 链接

□ 静态 URL。可以看到“茶叶”列表页、按类目选择链接、标题链接、发布者链接都为静态页面，spider 更愿意抓取静态的页面，权重也会大大提升。

□ 内部链接。在阿里巴巴首页、采购求购页面都有此列表页的链接，在其他页面只要提到与“茶叶”相关的文字，大多数都会链接到此页面，权重可想而知。

● **内容**

□ 用户创造。此列表页的内容主要包括：产品详细页标题、产品详细信息简要，这2个内容都是由用户自己创造的，所以大大提高了内容的原创性。

□ 更新速度。每天“茶叶”列表页用户更新的信息最少在500条以上，一般的中型网站每天的更新量也不到此数量，可以看得出更新的速度相当高，网站能给用户提供最新鲜的内容，搜索引擎自然喜欢。

4. 产品详细页

电子商务的产品详细页不但是用户了解某个信息最全面的页面，而且是最容易转化的页面，同时也是SEO策略最能表现得淋漓尽致的页面。

阿里巴巴的产品详细页（http://detail.china.alibaba.com/buyer/offerdetail/375315917.html）如图8-17所示。

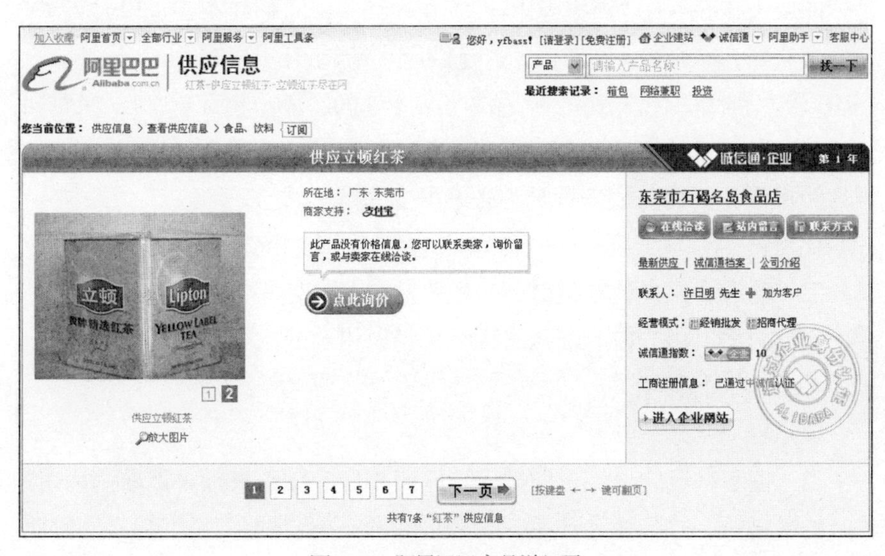

图8-17 阿里巴巴产品详细页

- 标签

<title>红茶-供应立顿红茶-立顿红茶尽在阿里巴巴</title>

<meta name="description" content="阿里巴巴-供应立顿红茶，立顿红茶，这里云集了众多的供应商，采购商，制造商。这是供应立顿红茶的详细页面。计量单位：桶/10磅，品牌：立顿黄牌，产品单价：450.00，最小起订量：1，保质期：12个月以上（个月），发货期限：3，配料：茶叶，等级：一级，供应商类型：经销商，茶味香浓，是奶茶必不可少的搭配">

<meta name="keywords" content="立顿红茶">

Title——“红茶-供应立顿红茶-立顿红茶尽在阿里巴巴”

优点：

□ 融入了产品的分类词（如红茶）；

□ 加入了“供应”长尾关键词；

□ 核心关键词“立顿红茶”重复两遍，正合适；

□ 没有特殊符号。

缺点：

□ 应该把核心关键词放在最前面，分类词放在中间；

□ 应该再加一些长尾关键词，如“批发”“代理”等关键词。

Description——“阿里巴巴-供应立顿红茶，立顿红茶，这里云集了众多的供应商，采购商，制造商。这是供应立顿红茶的详细页面。计量单位：桶/10磅，品牌：立顿黄牌，产品单价：450.00，最小起订量：1，保质期：12个月以上（个月），发货期限：3，配料：茶叶，等级：一级，供应商类型：经销商，茶味香浓，是奶茶必不可少的搭配。”

优点：

□ 融入了很多长尾关键词，如“供应商”“采购商”“制造商”等；

□ 调用了用户自己输入“详细信息”里面的内容，可以让每个页面描述不一样，而且相关。

缺点：

□ 每个行业的详细页面都应该制定相应的描述模板，然后调用用户输入的关键词，这样才会让关键词密度和分布更合理；

□ 描述文字过长，40个文字即可；

□ 把“阿里巴巴”品牌词放在描述的中间或后面更为合理，因为是固定的词，也不经常与产品关键词一起来搜索。

Keywords——“立顿红茶”

优点：

□ 突出核心关键词；

□ 简洁明了，不堆积关键词。

● **关键词分布**

□ 标签

<title>红茶-供应立顿红茶-立顿红茶尽在阿里巴巴</title>

<meta name="description" content="阿里巴巴-供应立顿红茶，立顿红茶，这里云集了众多的供应商，采购商，制造商。这是供应立顿红茶的详细页面。计量单位:桶/10磅，品牌:立顿黄牌，产品单价:450.00，最小起订量:1，保质期:12个月以上（个月），发货期限:3，配料:茶叶，等级:一级，供应商类型:经销商，茶味香浓，是奶茶必不可少的搭配">

<meta name="keywords" content="立顿红茶">

□ 图片标题

在图8-18中可以看到，图片标题不但告诉用户这个图片是什么，而且在用户进行图片搜索的时候，也很容易得到好的排名，同时在本页又合理地增加了关键词密度。

图8-18 图片下方调用的关键词

□ H1标签

<h1>红茶-供应立顿红茶-立顿红茶尽在阿里巴巴</h1>，此处的H1签标是调用标题的，在页面上又重复一遍标题内容，这一点很重要。关键词同时加上了H1标签，搜索引擎很看重H1标签里面的关键词，而且用了技术手段，超过一定量的字时自动变成省略号，而在源码里显示为正常，如图8-19所示的灰色文字。

第二处的H1是产品详细页的产品标题，几乎本页面的长尾关键词都是围绕着这一产品标题核心关键词展开的，如图8-20所示。

阿里巴巴
Alibaba.com.cn
供应信息

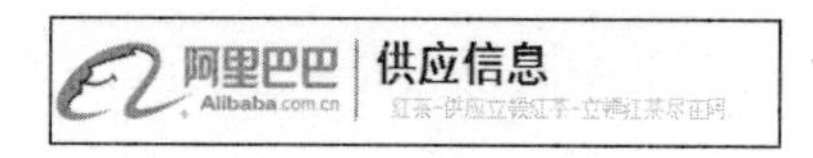

图 8-19　网页上部的 H1 标签

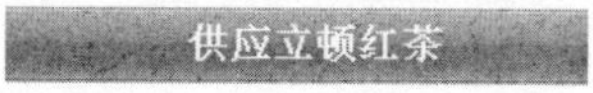

供应立顿红茶

图 8-20　产品标题的 H1 标签

□　相关搜索

大家可以从图 8-21 中看到相关搜索里面的关键词都是与此页面的产品相关的，也就是说不但方便了用户，也“方便”了搜索引擎，可以很合理地增加关键词密度，又是一举两得的效果。

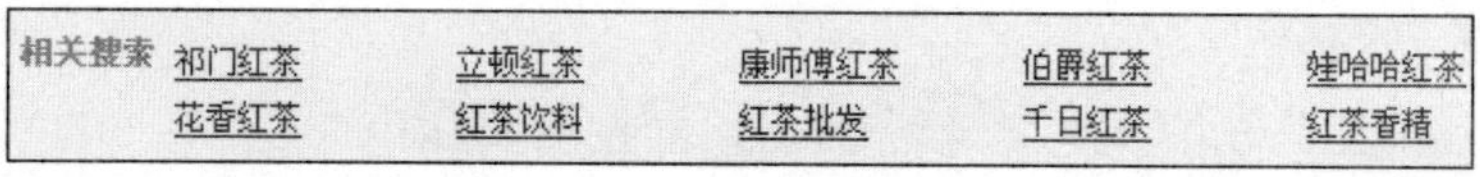

相关搜索
祁门红茶
立顿红茶
康师傅红茶
伯爵红茶
娃哈哈红茶
花香红茶
红茶饮料
红茶批发
千日红茶
红茶香精

图 8-21　产品详细页的相关搜索

● **内容**

此页面的内容过少，这一点阿里巴巴可以对商家进行规范，内容越多搜索引擎越喜欢。这个页面排名好是因为阿里巴巴把这个页面的架子搭建得好，都已经打好地基，剩下的就是让用户自己去填补了。

如果阿里巴巴对商家进行字数和内容质量的规范，排名会比现在表现得更好。

● **链接**

□　列表页链接

可以在“茶叶”列表页面点击进入详细页面，因为列表页面不管对用户还是 spider 来说都是比较喜欢的经常光顾的页面，所以说列表页面给产品详细页面导入了很大权重。

□　翻页

从图 8-22 可以看到这 7 个页面都是互通的，每个页面都有另外 6 个页面的链接。

1 2 3 4 5 6 7
下一页
[按键盘 ← → 键可翻页]
共有7条“红茶”供应信息

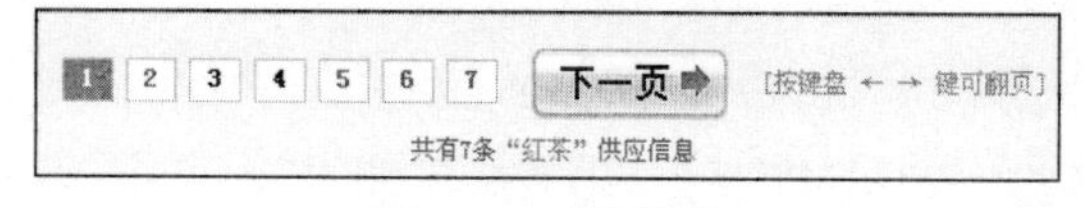

图 8-22　产品翻页

● **其他同类信息**

如图 8-23 所示，不但在翻页里有互通的效果，而且在页面底部“本公司其他同类信息”里也可以进行商品和商品之间的互相链接导入。犹如一帮亲兄弟一般，团结起来，共同进步。

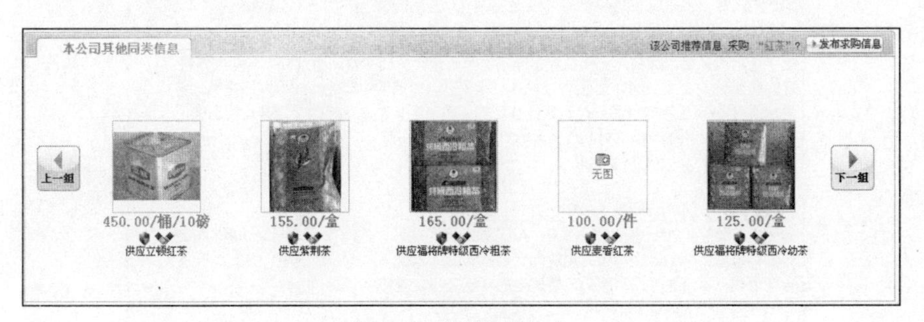

图 8-23 其他同类信息

8.3 中小型企业网站 SEO 策略详解

8.3.1 京翰教育网站 SEO 策略详解

京翰教育旗下的中小学各科独立网站共有 20 多个，包含中小学绝大部分科目，主要为全国各地教师、学生和家长提供教案课件、试题试卷等各类学习资料。站群网站平均年龄不过几个月，但各科目的主要关键词排名基本保持在前 3 名，并且总体排名保持相当的稳定性，超过了大部分类似的老网站。下面介绍一下该网站所使用的一些策略，并与读者分享一下 SEO 的心得体会。

该站群域名是拼音辅导系列的，高中的是.com，初中的是.cn，小学的是.net，比如高中英语辅导网 www.yingyufudao.com，初中物理辅导网 www.wulifudao.cn，小学数学辅导网 www.shuxuefudao.net，其他科目网站域名类推。核心关键词是科目名称，比如“高中数学”“高中英语”，再加上数以百计的长尾衍生关键词，以及与教案、课件、公式、试题卷等学习资料相关的词汇。

先看一下网站在搜索引擎上的表现，如图 8-24、图 8-25、图 8-26 和图 8-27 所示。

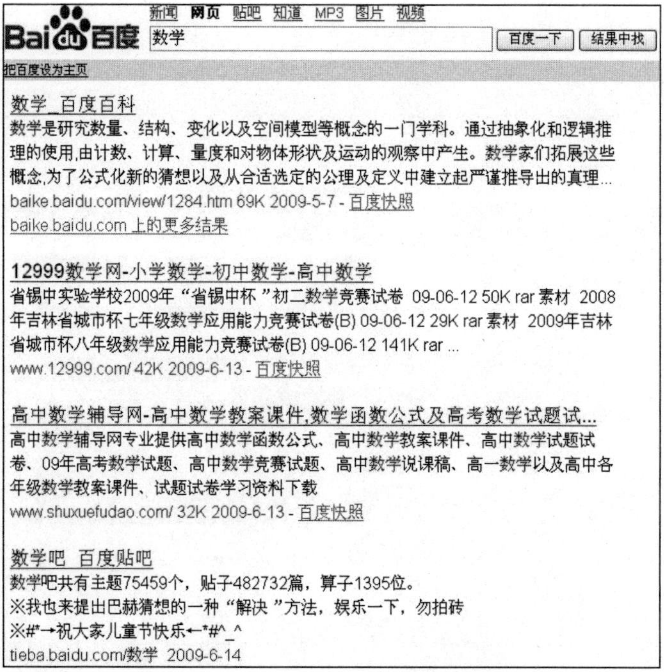

新闻 网页 贴吧 知道 MP3 图片 视频

Baidu百度 数学 百度一下 结果中找

把百度设为主页

数学_百度百科

数学是研究数量、结构、变化以及空间模型等概念的一门学科。通过抽象化和逻辑推理的使用,由计数、计算、量度和对物体形状及运动的观察中产生。数学家们拓展这些概念,为了公式化新的猜想以及从合适选定的公理及定义中建立起严谨推导出的真理...

baike.baidu.com/view/1284.htm 69K 2009-5-7 - 百度快照

baike.baidu.com 上的更多结果

12999数学网-小学数学-初中数学-高中数学

省锡中实验学校2009年“省锡中杯”初二数学竞赛试卷 09-06-12 50K rar 素材 2008年吉林省城市杯七年级数学应用能力竞赛试卷(B) 09-06-12 29K rar 素材 2009年吉林省城市杯八年级数学应用能力竞赛试卷(B) 09-06-12 141K rar ...

www.12999.com/ 42K 2009-6-13 - 百度快照

高中数学辅导网-高中数学教案课件,数学函数公式及高考数学试题试...

高中数学辅导网专业提供高中数学函数公式、高中数学教案课件、高中数学试题试卷、09年高考数学试题、高中数学竞赛试题、高中数学说课稿、高一数学以及高中各年级数学教案课件、试题试卷学习资料下载

www.shuxuefudao.com/ 32K 2009-6-13 - 百度快照

数学吧_百度贴吧

数学吧共有主题75459个，贴子482732篇，算子1395位。

※我也来提出巴赫猜想的一种“解决”方法，娱乐一下，勿拍砖

※#*→祝大家儿童节快乐←*#^_^

tieba.baidu.com/数学 2009-6-14

图 8-24 关键词“数学”百度排名

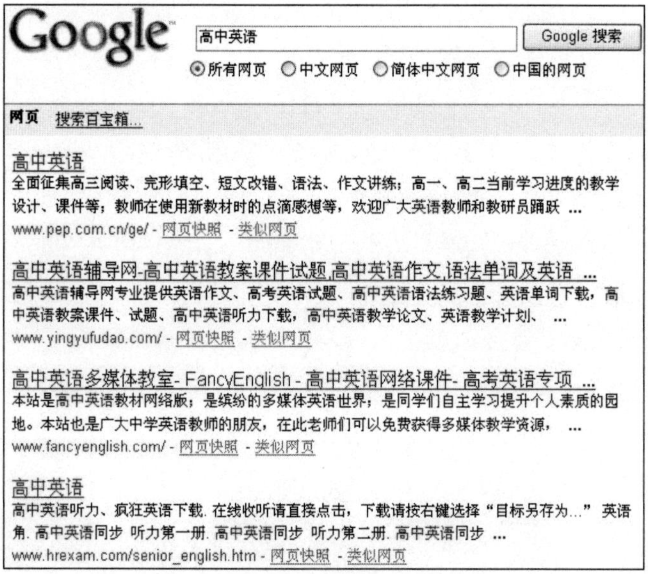

Google 高中英语 Google 搜索

◉所有网页 ○中文网页 ○简体中文网页 ○中国的网页

网页 搜索百宝箱...

高中英语

全面征集高三阅读、完形填空、短文改错、语法、作文讲练；高一、高二当前学习进度的教学设计、课件等；教师在使用新教材时的点滴感想等，欢迎广大英语教师和教研员踊跃 ...

www.pep.com.cn/ge/ - 网页快照 - 类似网页

高中英语辅导网-高中英语教案课件试题,高中英语作文,语法单词及英语 ...

高中英语辅导网专业提供英语作文、高考英语试题、高中英语语法练习题、英语单词下载，高中英语教案课件、试题、高中英语听力下载，高中英语教学论文、英语教学计划、 ...

www.yingyufudao.com/ - 网页快照 - 类似网页

高中英语多媒体教室- FancyEnglish - 高中英语网络课件- 高考英语专项 ...

本站是高中英语教材网络版；是缤纷的多媒体英语世界；是同学们自主学习提升个人素质的园地。本站也是广大中学英语教师的朋友，在此老师们可以免费获得多媒体教学资源， ...

www.fancyenglish.com/ - 网页快照 - 类似网页

高中英语

高中英语听力、疯狂英语下载. 在线收听请直接点击，下载请按右键选择“目标另存为...” 英语角. 高中英语同步 听力第一册. 高中英语同步 听力第二册. 高中英语同步 ...

www.hrexam.com/senior_english.htm - 网页快照 - 类似网页

图 8-25 关键词“高中英语”谷歌排名

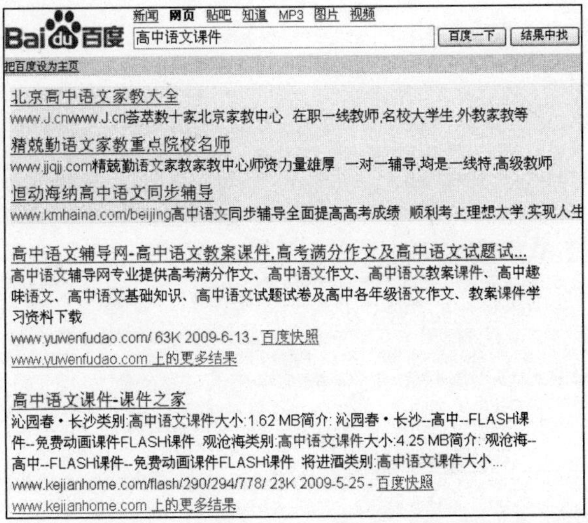

新闻 网页 贴吧 知道 MP3 图片 视频
Bai du 百度 高中语文课件 百度一下 结果中找
把百度设为主页

北京高中语文家教大全
www.J.cnwww.J.cn荟萃数十家北京家教中心 在职一线教师,名校大学生,外教家教等

精兢勤语文家教重点院校名师
www.jjqjj.com精兢勤语文家教家教中心师资力量雄厚 一对一辅导,均是一线特,高级教师

恒动海纳高中语文同步辅导
www.kmhaina.com/beijing高中语文同步辅导全面提高高考成绩 顺利考上理想大学,实现人生

高中语文辅导网-高中语文教案课件,高考满分作文及高中语文试题试...
高中语文辅导网专业提供高考满分作文、高中语文作文、高中语文教案课件、高中趣味语文、高中语文基础知识、高中语文试题试卷及高中各年级语文作文、教案课件学习资料下载
www.yuwenfudao.com/ 63K 2009-6-13 - 百度快照
www.yuwenfudao.com 上的更多结果

高中语文课件-课件之家
沁园春・长沙类别:高中语文课件大小:1.62 MB简介: 沁园春・长沙--高中--FLASH课件--免费动画课件FLASH课件 观沧海类别:高中语文课件大小:4.25 MB简介: 观沧海--高中--FLASH课件--免费动画课件FLASH课件 将进酒类别:高中语文课件大小...
www.kejianhome.com/flash/290/294/778/ 23K 2009-5-25 - 百度快照
www.kejianhome.com 上的更多结果

图 8-26 关键词“高中语文课件”百度排名

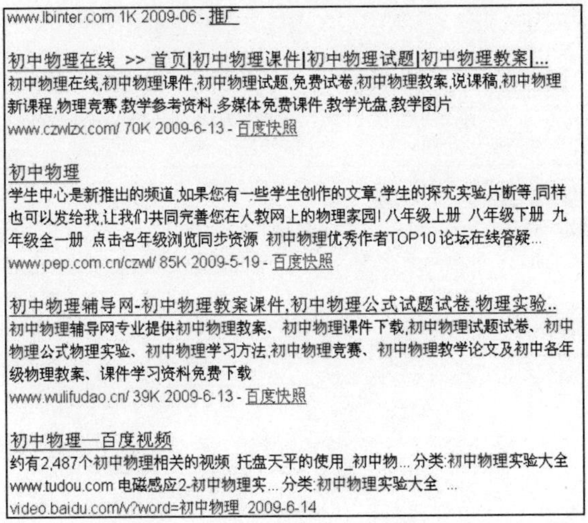

www.lbinter.com 1K 2009-06 - 推广

初中物理在线 >> 首页|初中物理课件|初中物理试题|初中物理教案|...
初中物理在线,初中物理课件,初中物理试题,免费试卷,初中物理教案,说课稿,初中物理新课程,物理竞赛,教学参考资料,多媒体免费课件,教学光盘,教学图片
www.czwlzx.com/ 70K 2009-6-13 - 百度快照

初中物理
学生中心是新推出的频道,如果您有一些学生创作的文章,学生的探究实验片断等,同样也可以发给我,让我们共同完善您在人教网上的物理家园! 八年级上册 八年级下册 九年级全一册 点击各年级浏览同步资源 初中物理优秀作者TOP10 论坛在线答疑...
www.pep.com.cn/czwl/ 85K 2009-5-19 - 百度快照

初中物理辅导网-初中物理教案课件,初中物理公式试题试卷,物理实验..
初中物理辅导网专业提供初中物理教案、初中物理课件下载,初中物理试题试卷、初中物理公式物理实验、初中物理学习方法,初中物理竞赛、初中物理教学论文及初中各年级物理教案、课件学习资料免费下载
www.wulifudao.cn/ 39K 2009-6-13 - 百度快照

初中物理—百度视频
约有2,487个初中物理相关的视频 托盘天平的使用_初中物... 分类:初中物理实验大全
www.tudou.com 电磁感应2-初中物理实... 分类:初中物理实验大全 ...
video.baidu.com/v?word=初中物理 2009-6-14

图 8-27 关键词“初中物理”百度排名

其他各科网站排名这里不再赘述，所做的站群整体关键词为数百个，排名情况大体是相当不错的。

目前，网络上关于 SEO 的技巧、方法可谓是五花八门，非常之多，甚至据说 SEO 需要考察的指标项目高达数百项，这些 SEO 人的积极测试探索的精神着实令人佩服。不过大部分网站的 SEO 排名工作并不一定非要用到所有的技巧，恰恰相反，大部分中小企业网站的 SEO 只需要几个最基本

的手段，就可获得较好的排名，这几项手段既是最基本、最简单、最重要也是最能出效果的，网站建设者只需花几个月时间实践就能很好地掌握。

很多行业的中小公司网站只需稍加 SEO 一下就会有较好的排名。深圳拓展训练培训（www.senzon.cn）在搜索引擎的表现如图 8-28 和图 8-29 所示。

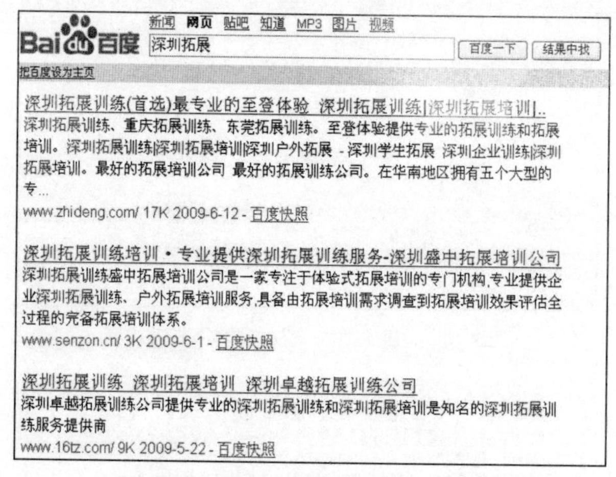

图 8-28 关键词“深圳拓展”百度排名

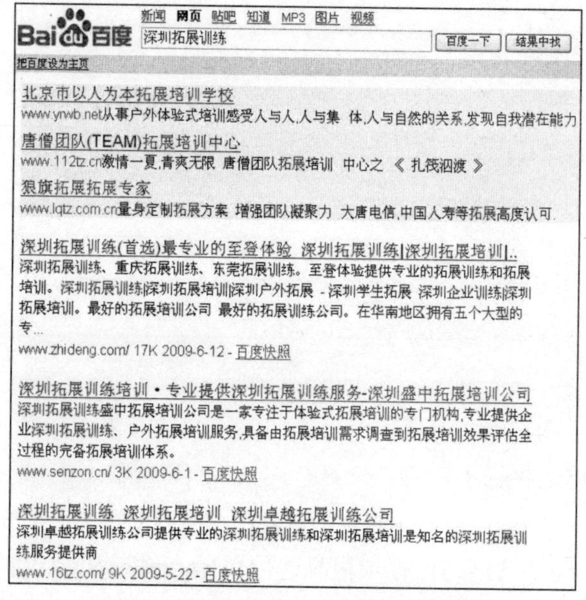

图 8-29 关键词“深圳拓展训练”百度排名

下面结合例子介绍一下几个最基本的要点。

1. 标签

标签的优化绝大部分人都了解，网上谈论得多到泛滥，但也是SEO最起码的标志。这里指的是三大主要优化的标签：Title、Keywords、Description。但是标签的写法并不是所有优化者都能写得很到位的，不少人往往写成机械式的关键词叠加，后果是轻则无良好排名，重则被搜索引擎视为恶意优化而遭受惩罚，非常不应该。

- Title

绝大部分网站Title的写法是："关键词1|关键词2|关键词3-网站名称"，当然有的关键词之间不用竖线而用空格、顿号等隔开，但基本模式是这样的。虽然这种写法并不算错，但并不被很多人认可。首先，与其这样一个个词的罗列，不如用一个能够通顺地介绍自己网站内容的句子，而句子中可以包含你想要优化的词，这样既可以更好地给用户展现自己的业务范围，又不会被认为是刻意优化，一举两得。

<title>

高中数学辅导网-高中数学教案课件，数学函数公式及高考数学试题试卷学习资料下载

</title>

<title>深圳拓展训练培训·专业提供深圳拓展训练服务-深圳盛中拓展培训公司

</title>

<title>北京礼仪庆典，活动策划，舞台搭建，展览展示公司-北京乐庆文化公司

</title>

大家会发现，第一个标题描写的跟其他的不一样，它把网站名称提到最前面了。当网站名称中包含所要优化的核心关键词时，当然可以把网站名称提前，这样既不影响核心关键词的排名，又可以在引擎检索结果页面中突出地展现网站的名称，便于用户记住网站名称，何乐而不为呢。

另外，关键词在标题中并不一定要整个地出现，例如：

<title>

高中数学辅导网-高中数学教案课件，数学函数公式及高考数学试题试卷学习资料下载

</title>

"高中数学网""高中数学函数""高中数学公式""高中数学试题（试卷）""高中数学学习（资料）（下载）"……不同的词根变化组合顺序，可

以构成很多的关键词。

<title>深圳拓展训练培训·专业提供深圳拓展训练服务-深圳盛中拓展培训公司</title>

<title>北京礼仪庆典，活动策划，舞台搭建，展览展示公司-北京乐庆文化公司</title>

若是 SEO 人写网页标题能从这些角度去考虑，说明这个人的 SEO 思路已经比较成熟了。

● Keywords

该标签的描写这里不赘述，只强调一点，就是不要把该标签写成关键词叠加。单个页面所能容纳的关键词数量是有限的，切勿把整个网站的关键词都叠放在首页，任何指望用首页来解决所有关键词排名问题的手段和想法往往会适得其反（当然本身网站关键词只有若干个除外）。好的 SEO 人会针对要做的关键词类别和数量来设计网站结构和栏目，充分发挥频道页、栏目页和文章页关键词参与排名的作用，这样才能更好地、更多地优化关键词。

<meta name="keyword" content="高中数学网，高中数学试题，高中数学教案，高一数学，高中数学讲课稿，高中数学课件，高中数学竞赛试题" />

<meta name="keywords" content="深圳拓展训练，深圳拓展培训，深圳拓展公司，深圳拓展" />

<meta name="keywords" content="北京礼仪庆典，北京活动策划公司，北京展览展示，北京舞台搭建公司" />

放入当前页面最核心的关键词，关键词数量不宜过多。

● Description

<meta name="description" content="高中数学辅导网专业提供高中数学函数公式、高中数学教案课件、高中数学试题试卷、09 年高考数学试题、高中数学竞赛试题、高中数学讲课稿、高一数学以及高中各年级数学教案课件、试题试卷学习资料下载" />

<meta name="description" content="深圳拓展训练盛中拓展培训公司是一家专注于体验式拓展培训的专门机构，专业提供企业深圳拓展训练、户外拓展培训服务，具备由拓展培训需求调查到拓展培训效果评估全过程的完备拓展培训体系。">

<meta name="description" content="北京乐庆文化公司专业提供北京地区礼仪庆典、活动策划、舞台搭建及展览展示工程设计建造等各项庆典活动总体策划、现

场服饰一条龙服务。">

上述描述语句合理通顺，在介绍自身提供的服务的同时融入当前页面的主要关键词。

2. 内容

网站的内容是网站的血肉，构成网站的主体和灵魂，直接决定了网站的可读性和对用户的吸引度。因此网站若要长期发展，内容质量建设是根本。而网站质量在用户和搜索引擎两者看来，或许又有些不一样的地方。

在用户看来，网站内容是否吸引他直接跟内容提供的价值是相关的；而搜索引擎除了考虑这些之外还会考察网站内容的重复度和镜像度，也就是大家常说的内容原创性的问题。这就要求在添加网站内容时，除了内容本身信息的价值，还要重视内容的独特性。

网站内容建设通常有“原创”“转载”“采集”“用户创造”“伪原创”等几种方式，SEO人用得最多的便是“伪原创”这种方式。此站群由于信息量大资源不容易获取，所以绝大部分内容是通过手工“转载”实现的。如果中小企业的网站本身结构简单，信息量不多，可以考虑做自身的原创内容，工作量应该是不大的。这里并不是强调网站内容一定要原创，而是要根据自己的资源、人力和能力等各方面权衡，从用户的角度考虑网站是很有必要有自己的东西的。

3. 链接

链接建设是SEO中很重要的一块，包括网站内链建设和外链建设，这里作一下介绍。

- **内链建设**

网站的内链建设工作量比较大，从起初网站结构建设时就应该把内链策略考虑到并且应用好，使网站整体链接机构清晰，既方便用户浏览获得更高PV，又易于搜索引擎抓取和收录网站海量页面。这是关于网站结构性链接需要注意的地方。另外网站单独页面信息内容的链接则需要SEO人细心地做文本链接。此站群的信息页面的内链建设都是手工做的，比较费精力，网站编程人员需要阅读文章前中后几段，找出合适的目标关键词链接到不同的相关页面。虽然这样做人力成本提高了，但是对于提升用户页面浏览量及链接目标页面的关键词排名非常有好处，是值得花精力投入的。

● **外链建设**

外链的建设在 SEO 中是非常重要的，搜索引擎是很注重网站外链的广泛度和质量的，会直接影响到关键词的排名。最常用的外链建设是通过友情链接的方式实现的，也是非常有效果的方式。此站群运用的外链建设方式主要有友情链接、平台博客建设（新浪网易博客等）、知识问答平台链接发布（百度知道、新浪 IASK、雅虎知识堂）等。有不少 SEO 人会担心在百度上大量地发布外链会引起搜索引擎的惩罚，其实手工发布链接不至于引起搜索引擎的惩罚，况且百度的搜索和知道、贴吧不是同一部门，只要从服务的态度去回答，解决提问者的问题，并留下链接是完全可行的。

另外，友情链接这种方式是非常重要的，友情链接做得好可以迅速提升关键词排名，但相反低劣的外链也可能会给网站带来明显的负面影响。所谓的高质量的外链是大家常说的词，如何判断呢？做友情链接的时候，主要看以下几个指标。

- 相关性。
- 搜索引擎收录量。
- 排名。
- PageRank。
- 快照日期。

这个顺序也是做友情链接时依次考虑的指标顺序。

最后一点要说的是，在做友情链接时，最好用网站的目标关键词进行文本链接，而且外链词可以根据排名需要进行变化。很多做友情链接的人总喜欢用网站的名称给网站做外链，这样对于提升关键词排名的效果要逊色得多。总之一句话，外链绝大部分程度上是做给搜索引擎看的，不要指望友情链接会给你带来多少流量，除非是大流量的门户网站给你做友情链接，不过这样的概率可以忽略。

4. 关键词选择

关键词的选择是 SEO 前必须要考察清楚的，一定要找出具有相当的日检索量及目标客户可能会搜索的词，SEO 才有意义，否则只会是白费功夫。

关键词的选择首先要大致了解本行业，找出与业务相关的核心词，再使用工具查找该核心词相关的长尾衍生词。所用的工具有百度竞价后台提供的相关搜索功能，如图 8-30 和图 8-31 所示。关键词搜索结果页面底部展现的相关搜索如图 8-32 所示。当然也有一些相关的软件可以使用。这里要说的是，用户的搜索习惯对于各大搜索引擎来说是一贯的、没有差别的，所以只需要知道用户在百度的搜索习惯就可以了，那些花费大量精力每个搜索引擎都查一遍的人是很可笑的。

高中数学 查 询

与关键词 高中数学 相关的被检索次数最多的关键词有

序号	关键词	相对比率
1.	高中数学公式	
2.	高中数学教案	
3.	高中数学说课稿	
4.	高中数学论文	
5.	高中数学教学反思	
6.	高中数学公式大全	
7.	高中数学教材	
8.	高中数学网	
9.	高中数学课件	
10.	高中数学题	
11.	高中数学教学论文	

图 8-30 “高中数学”长尾关键词

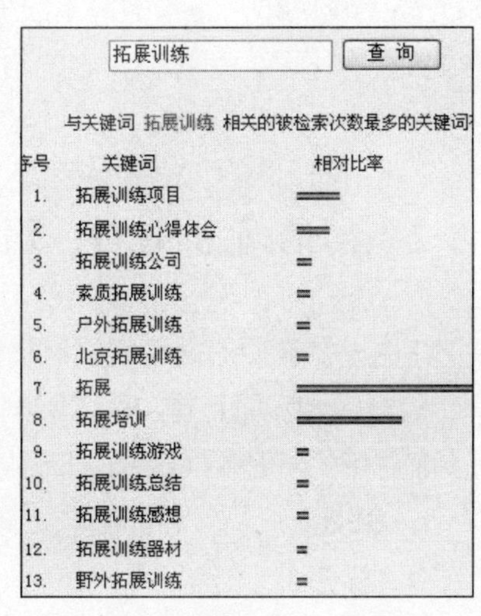

拓展训练 查 询

与关键词 拓展训练 相关的被检索次数最多的关键词有

序号	关键词	相对比率
1.	拓展训练项目	
2.	拓展训练心得体会	
3.	拓展训练公司	
4.	素质拓展训练	
5.	户外拓展训练	
6.	北京拓展训练	
7.	拓展	
8.	拓展培训	
9.	拓展训练游戏	
10.	拓展训练总结	
11.	拓展训练感想	
12.	拓展训练器材	
13.	野外拓展训练	

图 8-31 “拓展训练”长尾关键词

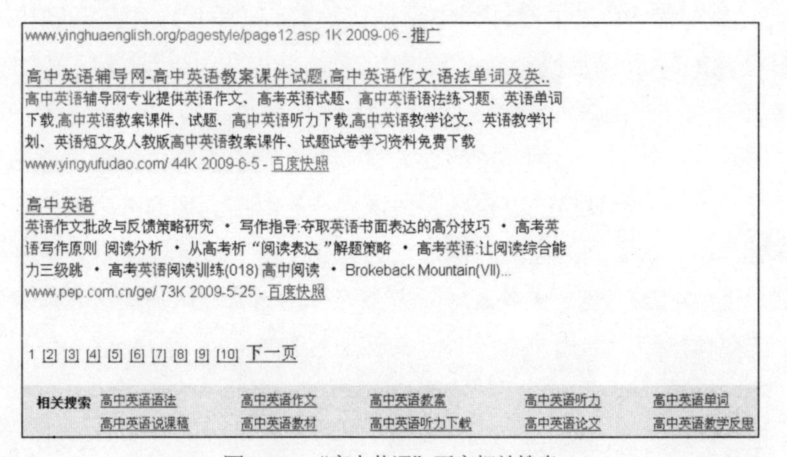

www.yinghuaenglish.org/pagestyle/page12.asp 1K 2009-06 - 推广

高中英语辅导网-高中英语教案课件试题,高中英语作文,语法单词及英..
高中英语辅导网专业提供英语作文、高考英语试题、高中英语语法练习题、英语单词下载,高中英语教案课件、试题、高中英语听力下载,高中英语教学论文、英语教学计划、英语短文及人教版高中英语教案课件、试题试卷学习资料免费下载
www.yingyufudao.com/ 44K 2009-6-5 - 百度快照

高中英语
英语作文批改与反馈策略研究 · 写作指导:夺取英语书面表达的高分技巧 · 高考英语写作原则 阅读分析 · 从高考析“阅读表达”解题策略 · 高考英语:让阅读综合能力三级跳 · 高考英语阅读训练(018) 高中阅读 · Brokeback Mountain(VII)...
www.pep.com.cn/ge/ 73K 2009-5-25 - 百度快照

1 [2] [3] [4] [5] [6] [7] [8] [9] [10] 下一页

相关搜索 高中英语语法 高中英语作文 高中英语教案 高中英语听力 高中英语单词
高中英语说课稿 高中英语教材 高中英语听力下载 高中英语论文 高中英语教学反思

图 8-32 “高中英语”百度相关搜索

通过工具找到相关的有检索量的词之后，应该合理地布局到网站的栏目结构当中，并运用以上的几个要点合理优化，大部分的企业网站都可以

成功地获得较好的排名。

最后，好的SEO人应当有一个良好的心理素质。搜索引擎不是咱家开的，出现排名浮动甚至大幅的下滑都是有可能的。不要整天盯着关键词具体排第几名，哪天下降了一名上升了一名都斤斤计较，那样的SEO心态会让人发疯的，SEO人应该具有即使外面天翻地覆内心都要稳如泰山的心态。SEO的手段说起来非常的简单，但却是需要做出感觉来才行的。不同的SEO人会有不同的理解和实施方法，按照自己的感觉和理解，踏踏实实地做就行了。

8.3.2　创亿网站SEO、网站策划和用户转化率策略详解

在这里要说明的是创亿网站策划机构（www.ccyyw.com）不单使用了很多SEO手段，而且更加融入了网站策划和用户转化率的策略，所以下面为大家分析的将是SEO + 网站策划 + 用户转化率的内容。

1．SEO

● 标签

Title——“网站策划・为300家企业提供了网站策划解决方案！”

很多人在SEO学习过程中会提出这样一个问题：“在标题里不可以有特殊的标点符号吗，为什么你的网站标题里却出现了特殊的标点符号？”

回答是：如果一个网站的核心关键词都在搜索引擎上排到了理想的位置，那么下一步你要做的就是获得更多用户的点击。加的一个“・”号是特殊标点符号，正因为它的特殊性才会吸引用户的眼球，但要保证在不丑的情况下，如加一些“★●▲※”之类的符号更能让用户关注，但会破坏网站的整体形象，给用户的第一印象就是差的。

下面就讲一下设计此标题的策略点。

☐ 核心关键词确定为“网站策划”，长尾关键词确定为“网站策划方案”。

☐ 最核心关键词放在最前面。

☐ 共重复了两次核心关键词。

☐ 自然地融入了长尾关键词，如“企业网站策划”“网站策划方案”。

□ 融入了数字，让标题更加醒目、清晰。

□ 突出了网站的核心竞争力，告诉用户网站是值得信赖的。

Description——“创亿网站策划是由杨帆先生创办的中国首家网站策划专业机构，由12人专家团队组成，300家企业网站成功案例，5年里我们一直专注于为企业提供网站策划解决方案、网站策划书、网络推广、网站运营和网络策划培训服务。”

据统计，当用户浏览搜索结果时关注网站描述的比关注网站标题的多，同时决定是否点击也大部分取决于网站搜索结果中的描述。所以网站描述不但要符合SEO，而且更要设计得吸引用户的眼球。

上段描述经过测试，是获得点击率相对比较高的描述，而且是SEO+用户转化率的结合体，下面就分析一下它都采用了哪些策略。

□ 把“网站策划”核心关键词放在了“创亿”后面。因为第一是把“创亿”去掉了，此句不通顺；第二是有很多用户通过各种渠道知道“创亿”的名字，搜索时会加上“创亿”关键词。

□ 共重复了4次“网站策划”核心关键词。

□ 同样融入了数字在里面。

□ 融入了很多长尾关键词，如“杨帆”“机构”“专家”“团队”“案例”“方案”“策划书”“网络”“推广”“运营”“培训”“服务”等，把这些词随意地组合，随意地分词都能变成*N*多个的长尾关键词。有时候用户搜索的关键词都是你意想不到的。

如Keywords——“网站策划”，这里就喜欢放一个最核心的关键词，搜索引擎现在也越来越不在乎关键词了。如果增加多了关键词，反而会引起搜索引擎的不满，所以每个页面放一个最核心的关键词就是最为合适的。

- **链接**

以下介绍内链。

□ 全站大部分重要页面都生成了静态化。

□ 把所有的栏目和重要的文章都汇集到了网站地图里，如图8-33所示。

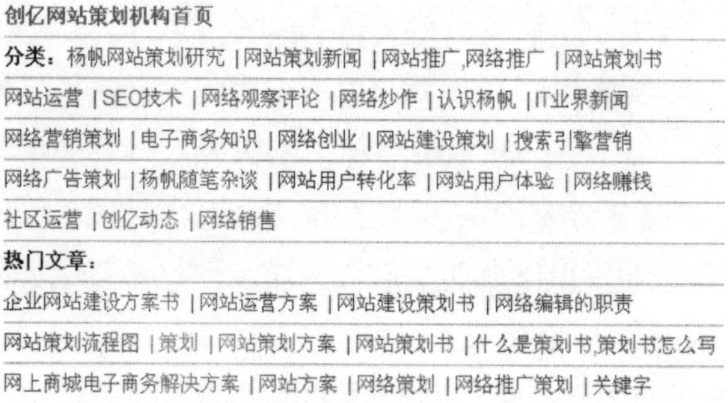

创亿网站策划机构首页

分类：杨帆网站策划研究 | 网站策划新闻 | 网站推广,网络推广 | 网站策划书
网站运营 | SEO技术 | 网络观察评论 | 网络炒作 | 认识杨帆 | IT业界新闻
网络营销策划 | 电子商务知识 | 网络创业 | 网站建设策划 | 搜索引擎营销
网络广告策划 | 杨帆随笔杂谈 | 网站用户转化率 | 网站用户体验 | 网络赚钱
社区运营 | 创亿动态 | 网络销售

热门文章：
企业网站建设方案书 | 网站运营方案 | 网站建设策划书 | 网络编辑的职责
网站策划流程图 | 策划 | 网站策划方案 | 网站策划书 | 什么是策划书,策划书怎么写
网上商城电子商务解决方案 | 网站方案 | 网络策划 | 网络推广策划 | 关键字

图 8-33　网站地图

- 文章中的关键词链接到相应页面，如图 8-34 所示。

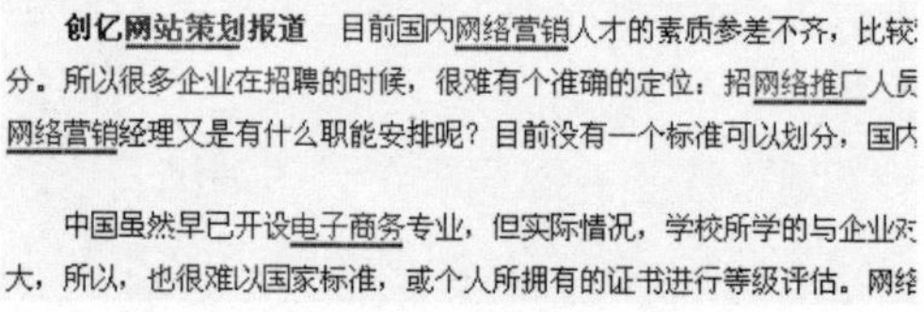

创亿网站策划报道　目前国内网络营销人才的素质参差不齐，比较
分。所以很多企业在招聘的时候，很难有个准确的定位：招网络推广人员
网络营销经理又是有什么职能安排呢？目前没有一个标准可以划分，国内

中国虽然早已开设电子商务专业，但实际情况，学校所学的与企业对
大，所以，也很难以国家标准，或个人所拥有的证书进行等级评估。网络

图 8-34　文章内链接文字

- 面包屑导航如图 8-35 所示。

您的位置：首页 >搜索引擎营销 >杨帆：中国企业SEO的误区！

图 8-35　面包屑导航

- 文章下面增加 10 篇相关文章和上一篇、下一篇链接，如图 8-36 所示。

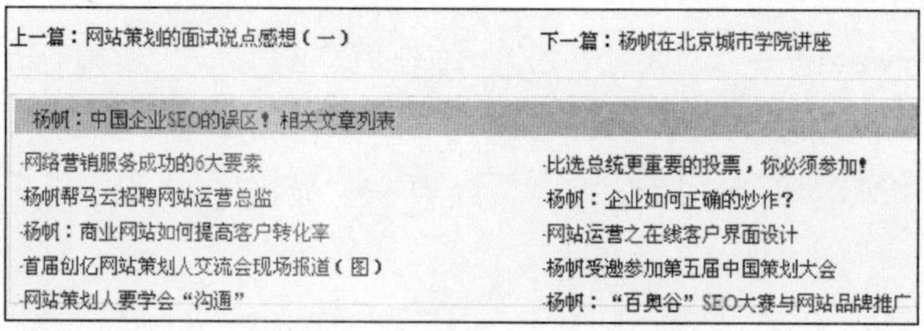

上一篇：网站策划的面试说点感想（一）　　下一篇：杨帆在北京城市学院讲座

杨帆：中国企业SEO的误区！相关文章列表

·网络营销服务成功的6大要素　　·比选总统更重要的投票，你必须参加！
·杨帆帮马云招聘网站运营总监　　·杨帆：企业如何正确的炒作？
·杨帆：商业网站如何提高客户转化率　　·网站运营之在线客户界面设计
·首届创亿网站策划人交流会现场报道（图）　　·杨帆受邀参加第五届中国策划大会
·网站策划人要学会“沟通”　　·杨帆：“百奥谷”SEO大赛与网站品牌推广

图 8-36　相关文章和上一篇、下一篇链接

以下介绍外链。

- 友情链接

例如，笔者总共有 52 个网站策划 QQ 群，每一个群平均有 150 人，至今全部满员。群里聚集了全国各地优秀的网站策划人和网络相关人士，通

过群可以交到很多朋友，人脉打开了，而且都是同行，都是通过创亿网站知道群号的，所以很多朋友都主动找笔者交换友情链接。

只要你的网站影响力大，内容吸引人，没有被搜索引擎K掉，那就会有人主动找你做友情链接了。

□ 链接诱饵

平时写一些网站策划技巧和心得，发到自己的网站上，许多站长类、IT类、营销类、电子商务类等网站都会进行转载。在创亿网站文章页面加入了一个小功能，就是每当复制文章再粘贴的时候在尾处会出现"本文来源于：网站策划 http://www.ccyyw.com/，原文地址：http://www.ccyyw.com/post/751.html"的字样，如果其他网站转载过去网址大多数会变成自动链接。

例如，一篇文章有100个网站转载（加上二手转，如A网站转载后，B网站又转载A网站上的文章），去除30%的网站人工把链接删掉，那么一篇文章就会有70个网站同时链接到你的网站。

□ 客户网站

创亿网站策划机构服务过的客户已近400家企业，部分客户在其网页下方都加上了创亿网站策划机构的链接，如"本站策划顾问：创亿网站策划机构"，大大增加了反向链接数量。

□ 主动收藏

因为创亿网站提供了很多网站策划的策略和技巧，很多同行人士都主动在自己的网站或博客上做了创亿网站的链接。还有很多网址导航站，都主动收录了创亿网站，如图8-37和图8-38所示。

常用软件	绿色软件站	浏览器论坛	头角软件站
SNS	优医网	摆底网	天津交友
站长qq群	站长QQ群大	各地的站长	个人站长qq
推广运营	网站策划	IE收藏夹	挖网络
链接交换	友情连接网	丑鼠交换链	酷软站长链
网上银行	我爱信用卡	信用卡导航	上海浦东发展
网址导航	114导航	6655网址之	1616导航
it资讯	新华IT网	数码168	中国移动商务

图8-37　站长导航（Admin5.net）首页收录创亿网站

中关村在线	电脑之家	支点网
奇虎联盟	阿里妈妈	百度联盟
网络营销手册	杨帆网站策划	速推网
广捷居	hao123	360网址导航
SEO360	SEO资源网	SEO论坛
推一把友链区	友链交换群	阿里链接交换

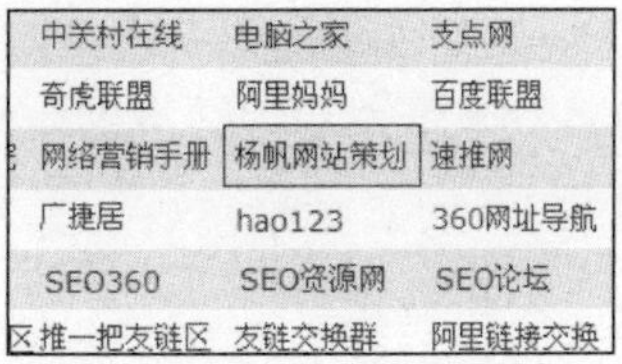

图8-38　站长导航（Zzdh.net）首页收录创亿网站

● **网站内容**

□ 原创

在网站首页共有两大块是活动内容，一个是“网站策划研究”，二是“网站策划新闻”。

“网站策划研究”板块都是原创内容，提供独家的观点和视角，不但可以增加搜索引擎的权重，还可以让用户看到原创的网站策划知识与技巧，如图 8-39 所示。

网站策划研究　策划 - 推广 - 运营	更多>>
·杨帆：如何做好企业电子商务网站策划？	2009/6/1
·杨帆：如何策划一个好的企业网站？	2009/5/22
·杨帆：网站策划人有哪些盈利模式	2009/4/23
·杨帆：3.15应该对网络营销人全面打假	2009/4/16
·杨帆：网站策划内部考核指标是什么？	2009/3/27
·杨帆：网络广告必须关注的10大流程	2009/3/3
·杨帆：企业如何做好网络策划？	2009/2/13
·杨帆：你知道网站策划的“六”定律吗？	2008/9/15
·你现在的情况是－有思路，无网站？	2008/8/5
·你现在的情况是－有网站，无流量？	2008/8/5
·你现在的情况是－有流量，无销量？	2008/8/5
·你现在的情况是－有销量，无品牌？	2008/8/5

图 8-39 “网站策划研究”板块

□ 更新

因为原创的文章毕竟产量不高，一旦更新缓慢就会影响搜索引擎抓取和用户体验度；而“网站策划新闻”版块提供最新的网站策划新闻，多数转自互联网，有一个系统能收集互联网上最新的关于网站策划的相关文章，所以更新速度就会很快，而且保证每一篇文章都是新鲜出炉的，搜索引擎 spider 来得越勤、文章内容越新鲜，权重就会给得越大，排名靠前就是顺理成章的事了。

2. 网站策划

● **定位**

□ 用户：定位于中小型企业。

□ 行业：中国首家网站策划机构。

□ 自身：营销型策划（贯穿以用户为中心、以盈利模式为结果的导向进行网站策划）。

● **核心竞争力**

□ 中国首家网站策划机构。

□ 5 年网站策划实战经验。

□ 中国最大的网站策划专家团队。

□ 300 余家企业网站策划成功案例。

● **盈利模式**

□ 网站策划方案费用。

□ 网站策划咨询服务费用。

- □ 网站策划执行服务费用。
- □ 网络营销书籍。
- □ 网站策划培训。
- □ 企业网站系统。
- □ 为企业提供网站策划人才。

“服务＋产品＋培训＋平台”全方位盈利模式。

3. 用户转化率

- ● **业务细分**

在网站首页的左上角可以看到“我们擅长什么？”的模块，此模块的作用是告诉用户你的网站能做什么，让用户在第一眼就知道你的网站能提供什么样的服务。只有让用户知道你能提供什么服务，用户才会想到自己的需求和你提供的服务是否能吻合，如能吻合就会很感兴趣地继续浏览网站。

一般业务细分不宜过多，3～6个就可以，否则会让用户眼晕，突不出重点。如果你提供的业务确实很多，那么你就挑出几个重点的、能吸引用户眼球的几个业务列出来，如图8-40所示。

我们擅长什么？
企业网站策划
用户转化提升
网站策划培训
网络炒作公关

图8-40 重点业务

- ● **用户细分**

打开网站第一眼就会注意到用户细分模块，这是专为满足企业需要网站策划的需求而定制的。在接触很多客户之后发现他们是分不同等级、不同现状的，所以需求也是不同的。那么只有把他们细分化，提供每一个需求的解决方案才会达到精准营销的效果。所以客户们都能找到适合自己的解决方案，为用户转化又促进了一大步。

根据对创亿成交客户的调研，90％的成交客户都是通过图8-41所示的4个细分入口内容吸引住的，给他们都留下了很深的印象，再加上后期的咨询和沟通才进行正式的签约。

你现在的情况是
》有思路，无网站
》有网站，无流量
》有流量，无销量
》有销量，无品牌

图8-41 细分入口内容

- ● **第三方说话**
- □ 媒体角度

搜狐、网易、腾讯等各大网络媒体都报道过创亿的专访和评奖，所以在全站的栏目条上加上“媒体报道”的链接，点击进入的页面是一个汇聚部分媒体报道的图片和文字。点击链接直接到达报道网站的页面上，告诉用户此信息是真实的，不信自己看。同行业内的评价才是最有价值的，这会让用户更深一层地对你产生信任感。

□ 客户角度

一般提供服务的公司成功案例是最有说服力的，因为服务本身是看不见和摸不着的，只有看过别人的成功，用户才能对你产生信任。

创亿把曾经服务过的几个重要的客户LOGO放在了首页，点击后可直接到达客户的网站上，或直接到达此客户网站策划的纪实页面上，告诉用户是如何一步一步策划的，最后又达到了一个什么样的效果。用户看完之后会把自己和此客户进行一个联想——如果照此策划自己的网站，也会一步一步成功的。这无疑再一次促进了用户转化率。

□ 学员角度

其实学员也是客户，但因创亿的业务不同所以区分开来。在学员接受完创亿每一次培训时，都会填写一张《学员满意度调查表》，在表的最后填写“学员评价”内容，经过同意后把学员的评价、真实姓名、照片、现公司名称、职位等都会一一列出来。当想报名学习的准学员看到此内容时，同样会联想自己学完以后也能和他们一样有收获。

● **为什么选择我们**

平时当我们在商场里买衣服时，不会看到一件衣服适合自己就马上购买，都会货比三家。首先知道自己是需要衣服的，但在任何一家都可以买得到衣服。此时如果有一个商家告诉你他们的衣服每个款式在本市只有1件，而且是中国第一家服装制造公司生产的，迄今为止该品牌是中国销售量最大的服装品牌，价格和同类服装相等，你会做何感想？是不是立刻与其他商家区分开了，很想马上挑选一件自己喜欢的衣服呢？

同样的道理，当用户知道自己需要这方面的帮助时，那在用户心里会想到“嗯，确实不错，我再去别家看看有没有更合适的”，一旦你没有能力说服用户，这个用户再回来的概率就很小了。所以在创亿的网站上告诉用户为什么选择我们。

● **行业顶尖**

创亿是中国首家专业的网站策划机构，拥有最为实战的、系统的网站策划理论。

● **案例最多**

CCTV、中国联通、北大青鸟、北电影视艺术学校、可可西等 300 多家网站。

● **团队最大**

创亿拥有 12 人的网站策划团队，是中国最大的网站策划团队。

● **学员最多**

为全国各地学员进行系统网站策划培训，学员达到 200 多名。

● **经验最多**

创亿团队拥有 5 年的网站策划实战经验，更能超出你理想的欲望值。

● **排名第一**

在百度和谷歌搜索“网站策划”多年占据排名第一，实力说明一切。

● **服务完善**

系统化的方案+执行+培训+终生顾问，并且保证每个网站都能成为企业赚钱的机器。

注意：这里不能有虚词，如“全方面的××、专业的××、××专家、老百姓自己的××、大家的××”之类的词。因为这些都是没有量化的，任何一个人都可以称其和你一样。要加入如“首家、最多、最大、第一”或用数字表现的词，这样就很量化，别人在这方面也无法和你类比。

用户看完之后认为这是最佳之选了，因为是首家机构，案例是最多的，团队是最大的，学员也是最多的，有 5 年的经验，排名也在第一名，还有这么完善的服务，那不选择你还能选择谁呢？

● **数据库营销**

□ 免费周刊

这属于邮件营销，在网站的重要页面中都会看到一个“免费网络策划周刊”，如图 8-42 所示，只需要输入 E-mail 地址然后点击“订阅”按钮就可以完成操作了。在这里是打上“免费”的标签，因为免费是最佳的营销手段，也是让用户与你进行交互没有任何心理障碍的方法。

在用户输入 E-mail 地址后，创亿的后台就可以看见 E-mail 地址，每期都会自动往指定的 E-mail 地址里发送网络策划相关文章。

□ 自助策划

在接触的客户中大部分都不知道自己的项目是否可行，也不知道如何来评测自己的项目，更不知道从何下手。于是把首页第一屏的重要位置留给了“自助策划”，如图 8-43 所示。

图 8-42　免费网络策划周刊

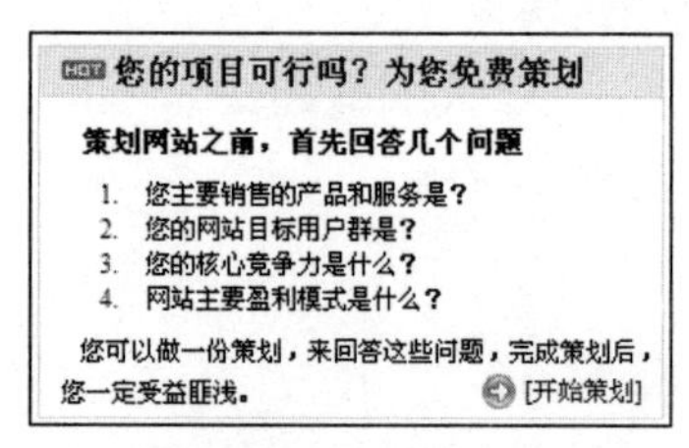

图 8-43　自助策划

“你的项目可行吗？为你免费策划”，这样的字眼几乎没有人会拒绝，因为它完全是站在用户的角度。接下来：

策划网站之前，首先回答几个问题

1. 您主要销售的产品和服务是？
2. 您的网站目标用户群是？
3. 您的核心竞争力是什么？
4. 网站主要盈利模式是什么？

这 4 个反问句正是现在大多数网站都在思考的，此时如果用户已经考虑过这 4 个问题，就会迫不及待地点击“开始策划”把自己想的内容说出来。如果用户没有考虑过这 4 个问题，看到问题后发现正是自己所忽略的，是自己没有做好的原因，也会迫不及待地点击“开始策划”按照问题一一思考和回答。

在问题的最后要提示：“您可以做一份策划，来回答这些问题，完成策划后，您一定受益匪浅。”此时告诉用户下一步该怎么做，做完后会有什么效果，再一次促进了用户的点击欲望。

当用户填写完问题和联系方式后，网站后台会立即提示消息，然后创亿客服人员会进行电话回访，把需求提交给项目经理，最后根据用户的需求和现状策划一份解决方案，当用户看完方案后觉得可以执行，那么就会与创亿进行正式签约合作。

第9章 如何利用 SEO 技术进行网络创业与赚钱

通过前面几章的学习，很多读者都对 SEO 有了一个从理论到实践上的了解。但是，对于不少读者来说，毕竟没有亲手操作过 SEO，没有实现一套完整意义上的成功案例，也会认为 SEO 是个很空的东西，从而对它的作用产生怀疑。那么从现在开始，我们就一步步地同大家一起，开始从零做起。

9.1 如何利用 SEO 做网站赚钱

利用 SEO 赚钱的方式有很多，如广告联盟、广告位投放、网络推广、网站出租等都可以成为我们的赚钱手段。到底应该如何选择呢？下面来看一下每个盈利模式的特点，让自己在建站前就有一种运营模式。

9.1.1 广告赚钱模式

广告是 SEO 赚钱的主要途径，同时广告模式也不是单一的，自然会有很多的广告模式，比如说广告联盟、广告位出售，谷歌广告等类型。

大多数的站长热衷于追踪网站访问者，每天无数次地查看收入和点击率。他们喜欢看到已经到手的东西，但是经常忽视还没到手但是可以得到的东西。

1. 谷歌广告

- **注册**

首先，要告诉谷歌你是代表公司还是个人。这一点很重要，因为他们得知道把你的支票寄到哪里。然后，你还要选择与内容相关的广告还是搜索广告，或者两者都要（与内容相关的广告是更好的选择，但是你也应该了解如何从搜索广告中获利）。一旦你的申请审核通过，只要复制、粘贴几行代码到网页中就大功告成了。

● **谷歌的政策**

我们可以按照谷歌的游戏规则赚很多钱，但是如果广告放到没有任何内容的网页上或者鼓动人们来点击广告，那么结果只能是被踢出局。

我们可以通过学习来掌握谷歌广告中的具体要求，详细内容参考http://www.google.com/adsense/policies。

● **注意以下几方面**

□ 不要改动代码

必须把 Adsense 广告代码原原本本地复制到网页中，不要改动任何东西。Adsense 程序允许你选择颜色和广告位置（这些正是增加你的广告收入的因素）。冒改动广告代码的风险可能会给你带来终身出局的悲剧。

□ 不要禁不住诱惑

当广告出现在网页上之后，切勿自行点击。你可能会企图告诉你的浏览者"点击我的广告吧"，但是一旦这种做法被谷歌发现，谷歌不仅会封闭你现有账户中的存款，还会取消广告合作计划。谷歌希望浏览者多点击广告的前提是他们对广告本身有兴趣。

□ 网站内容问题

谷歌非常关注它的广告出现在什么地方。它不想总是有广告商向它抱怨自己的广告出现在某个赌博或者色情网站上，甚至出现在某个广告比内容还多的页面上。如果你的网站内容有这方面的问题，赶快改一下。

□ 无效点击

最严重的作弊行为莫过于自己点击自己的广告了，使用某些自动点击广告的程序也属于此范畴。按规则赚钱是很容易的，不要做任何越轨的事情。

2. 其他广告联盟

百度广告联盟、阿里妈妈、窄告等广告联盟都是以谷歌广告的形式进行的。不过每个集成的广告系统都各有区别，但是大体上的商业模式和系统程序类似。

9.1.2　网站出租模式

网站出租是把网站上的所有名称、联系、业务出租给客户，但是网站的所有权是自己的。

出租的网站需要具备的条件如下。

- 比较不错的流量。
- 搜索引擎优化质量较高。
- 黏性大。
- 有一定数量的用户转化率。

符合上面的任意3种情况，网站出租率都是很高的。

采用网站出租模式，一方面，有实力的公司会利用自己公司的优势来代替网站拥有者经营网站，从而各取所需；另一方面，把网站出租给有运营经验的公司去运营操作，免去了自己运营的大量工作，同时，通过出租可以达到收取租金的目的。

9.2　如何成功开展SEO服务赚钱

上面提到的盈利模式都是和SEO的基础相关的，那么如何开展SEO服务赚钱呢？首先来了解SEO服务的几种分类。

SEO服务分类如图9-1所示。

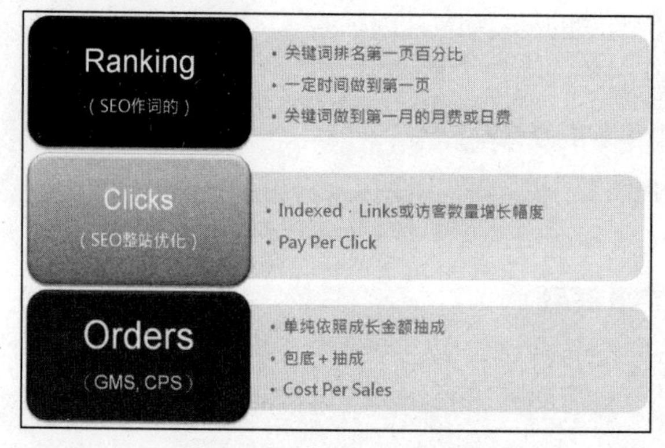

图9-1　SEO服务的几种分类

成功开展SEO服务挣钱主要有3种情况。

第一种：关键词排名。这个服务专门提供关键词排名，按照关键词的难易程度收费。

第二种：整站SEO。整站SEO按照流量提升幅度收费。

第三种：按交易和订单量服务。与合作方达成一致，按照收入比例提成收取费用。

其中，第三种是最难的，目前大部分都利用第一种、第二种来实现服务报酬的回报。

在了解了SEO服务的种类之后我们逐渐清楚，通过建设自己的网站积累一些操作经验后，上面的服务不仅可以为自己的网站获利，还可以为缺乏这些服务的企业提供服务支持。

9.2.1 创建网站

网站就是我们在互联网上的一个平台、载体。我们必须通过建立网站来实现赚钱的目的。

创建网站的原则如下。

1. 网站内容结构合理

能否合理地组织自己要发布的信息内容，以便浏览者能够快速、准确地检索到要找的信息，是一个网站能否成功的关键。如果一个网站不能让访问的浏览者迅速地找到自己要找的内容，那么这个网站很难吸引住浏览者；同时，一个网站的结构如果不合理，会造成搜索引擎的迷失，给搜索引擎带来重复抓取等麻烦。

2. 网站信息必须经常更新

要想长期地吸引住浏览者，最终还是要靠内容的不断更新。每次更新的网页内容要尽量在主页中提示给浏览者。

由于网站内容的结构一般都是树型结构，有的网站虽然经常更新网页，但每次更新的内容全被放进了各级板块或栏目中，浏览者并不知道更新了哪些东西。所以一定要在首级主页中显示出最近更新的网页目录，以便浏览者浏览。

3. 网站内容的全中文检索能力

如果一个网站有几百甚至几千个网页，为了提高网站的实用性，势必会提供全中文检索能力，以便浏览者查找本网站的信息。

4. 网站的信息交互能力

Web 2.0 的出现实现了浏览者与网站的交互，一个网站同浏览者信息交互的好坏，直接影响到浏览者的体验，从而给网站流量、网站质量等方面造成深远的影响。所以，网站的信息一定要有很好的交互体验。具体的方法可以参考第 4 章“内容策略”。

9.2.2 预测关键词

网站建好后，我们得让它派上用场。如何才能尽快达到使用效果？比如，可以通过预测热门关键词，提高网站的关注度，以便尽快提升网站的整体排名状态，改善流量等。

关键词如何预测，第 3 章中已经有了很明确的阐释。关键词的选择不仅要看一些相关的热点，最重要的是关键词和网站本身内容的匹配度和配合度。不能盲目地预测一些不属于这个网站的关键词来提高流量，因为这样的流量基本都是无效客户，没有去做的必要。

9.2.3 写针对性文章

文章内容建设是提高网站收录和关键词排名的基础，而具体就落在如何细化并进行这些工作上。

1. 针对性原创

我们要根据网站的主题编写适合网站、适合搜索引擎的针对性原创文章，保证网站必须有 30 篇以上的内容可以提供给搜索引擎来抓取。

2. 针对性添加

□ 在网站建设初期，我们在筛选关键词的时候就已经确定了主关键词和长尾关键词。在主关键词太热门而且竞争对手很多的情况下，需要不断地增加含有长尾关键词的文章。

- 第二个规律也就是针对你的网站统计数据挖掘、分析网站搜索引擎来路，多次发布用户搜索来源次数较多并在内容中包含同类标签的文章。

3. 针对性更新

寻找需要的文章：避开使用高频搜索引擎所收录的内容，使用一些不太热的搜索引擎，从它们的收录中选取相关的文章。

9.2.4 有效推广

大家都知道网络推广是一件很辛苦、很长久的事情，但是那是在一些概念不清楚的情况下才会发生的状况，其实有效推广远远没有我们想象中那么难。

首先分析受众群体，之后根据他们的喜好做有效推广。

常用的网络推广方法如下。

- 软文推广法。
- 导航网站推广法。
- 版主联盟推广法。
- 回复置顶推广法。
- IM 群推广法。
- 搜索引擎推广法。
- 博客推广法。
- 邮件推广法。
- 收藏夹推广法。
- 网站间互换链接推广法。
- 批量提交交换链接推广法。
- 问答网站推广法。

每个方法都有自己不同的特点和一些使用窍门，要注意的是一定要在分析我们的受众群体的基础上来分析和使用这些方法，才能省时省力、效果突出。

9.2.5 与客户沟通的技巧

优秀的咨询师是目前众多网站渴求的营销人才，因为优秀咨询师的成单量是非常客观的。因此，我们看到同客户沟通的技巧从线下转移到线上的改变。那么作为线上咨询沟通，我们应该如何做？

1. 客户服务流程体系

建立完善的客户服务流程体系，包括文档、客户资料保存、客户服务标准及回访制度等内容。这样是为了规范每个环节的标准化工作，提高网站的专业性及用户感性体验。

2. 选择积极的用词与方式

在保持一个积极的态度时，沟通用语也应当尽量选择体现正面意思的词。比如说，要感谢客户在电话中的等候，常用的说法是“很抱歉让您久等了”。这“抱歉、久等”实际上在潜意识中强化了对方“久等”这个感觉。比较正面的表达可以是“非常感谢您的耐心等待”。

如果一个客户就产品的一个问题几次求助于你，你想表达为客户真正解决问题的信心，于是你说“我不想再让您重蹈覆辙”。干吗要提醒这个倒霉的“覆辙”呢？你不妨这样表达：“我这次有信心这个问题不会再发生”，是不是更顺耳些？

又比如，你想给客户以信心，于是说“这并不比上次那个问题差”。按照我们上面的思路，你应当换一种说法：“这次比上次的情况好”。即使客户这次真的有些麻烦，你也不必说“你的问题确实严重”，换一种说法不更好吗？即“这种情况有点不同往常”。

3. 善用“我”代替“你”

有些专家建议，在下列的例子中尽量用“我”代替“你”，后者常会使人感到有根手指指向对方。

习惯用语：你的名字叫什么？

专业表达：请问，我可以知道你的名字吗？

习惯用语：你必须……

专业表达：我们要为你那样做，这是我们需要的。

习惯用语：你错了，不是那样的!

专业表达：对不起我没说清楚，但我想它运转的方式有些不同。

习惯用语：听着，那没有坏，所有系统都是那样工作的。

习惯用语：你没有弄明白，这次听好了。

专业表达：也许我说得不够清楚，请允许我再解释一遍。

4. 在客户面前维护企业的形象

如果有一个客户的电话转到你这里，抱怨他在前一个部门所受的待遇，你已经不止一次听到这类抱怨了，为了表示对客户的理解，你应当说什么呢？“你说得不错，这个部门表现很差劲”，可以这样说吗？适当的表达方式是“我完全理解您的苦衷”。

另一类客户的要求公司没法满足，你可以这样表达：“对不起，我们暂时还没有解决方案”。尽量避免不是很客气地手一摊（当然对方看不见）：“我没办法”。当你有可能替客户想一些办法时，与其说“我试试看吧”，为什么不更积极些：“我一定尽力而为”。

语言表达技巧也是一门大学问，虽然现在提倡个性化服务，但如果我们能提供专业水准的个性化服务，相信会更增进与客户的沟通，不要认为只有口头语才能让人感到亲切。我们对表达技巧的熟练掌握和娴熟运用，可以在整个与客户的通话过程中体现出最佳的客户体验与企业形象。

9.2.6 服务合作流程

1. 客户网站诊断

我们需要对客户的一些现有情况做出判断，包括排名、架构、PageRank、关键词竞争等内容。如果客户没有网站，要先建立起网站。

2. 竞争对手分析

根据对客户自身网站的分析，对同行业竞争者要有一个分析对比，内容包括竞争对手的网站技术、优化情况等。

3. 服务合作方式以及报价

详见附录1：SEO服务协议范本。

4. 撰写网站SEO方案

详见附录3：网站SEO方案范本。

9.3 如何选择适合自己的网络创业模式

网络创业有以下两种方式。

第一，依靠网络创业，开办网络企业，比如新浪、搜狐等，也就是互联网企业。

开办互联网企业，投入较大、成本较高、压力也较大，需要开办者有很好的经营思路或者经营理念，因为网站盈利的周期长，所以不适合资金紧张、思路宽泛的人员来做。

第二，通过网络创业，以互联网为工具来开展。

这类是包括个人站长、个体商城经营者、广告联盟费用、SEO服务等内容的创业模式。

网络创业模式多种多样，我们不仅要考虑到投入的问题，还要考虑到个人的性格特点、人脉、理念和现实状态等内容。拿一句流行的话来说："网络有风险，入市需谨慎"。

9.3.1 什么样的人适合创业

答案：冒险家。

创业本身就是一项冒险活动，冒险家最有胆量，敢对结果负责，所以最适合创业。科学研究发现，冒险家的心理承受能力远远强过普通人，而创业正是最需要强大心理承受能力的一项活动。

史玉柱的冒险精神大家都知道。当年在深圳开发M－6401桌面排版印刷系统时，史玉柱的身上只剩下了4 000元钱，他却向《计算机世界》定下了一个8 400元的广告版面，唯一的要求就是先刊广告后付钱。他的期限只有15天，前12天他都分文未进，第13天他收到了3笔汇款，总共是15 820元，两个月以后，他赚到了10万元。史玉柱将10万元又全部投入做广告，

4个月后，史玉柱成为了百万富翁。这段故事如今为人们津津乐道，但是想一想，要是当时15天过去，史玉柱收来的钱不够付广告费呢？要是之后《计算机世界》在报纸上发一个向史玉柱的讨债声明呢？我们大概永远也不会看到一个轰轰烈烈的史玉柱创业故事和一个冒险精神十足的史玉柱了。

9.3.2 什么样的人适合打工

与创业的人的特点相反，适合打工的人，往往都是有责任心、忠厚老实、不愿意操心的懒人。他们大多数人希望的就是通过自己的努力有一份比较满意的工作，自己的工作能够得到别人的认可。这样的人即使具有创业吃苦的准备，但是他们未必愿意去承担过多的压力。

9.3.3 互联网创业要知道的10句话

1. 网络的成功是可以复制的。

2. 自己做不了的事情，可以找别人来完成。交际是网络创业成功的捷径，技术不是最重要的环节。

3. 在投资上节约的人，其实是浪费的人。

4. 用最简单的程序来完成最复杂的要求，就是最完美的网站。

5. 三等软文带网址，二等软文带QQ，一等软文被置顶。广告的最高境界，就是不像广告。

6. 创意站将是未来10年内网络发展的主角。

7. 网站流量高，不一定网站就有人气；有人气，一定就会有流量的。

8. 真正的网络高手，看起来像新手，新手往往表现得像高手。

9. 在网络上，挣“小”钱靠技术，挣“中”钱靠技巧，赚“大”钱靠运营。

10. 如果你比别人晚进入互联网行业，又想马上跟上节奏，先问一下自己，是不是从小学直接跳级上的高一？你首先应该做的是花更多的时间去学习，并坚持下去，否则你可能会在学习上浪费很多时间，最后还是选择放弃网络。

9.3.4 现在就出发，执行第一

你究竟属于哪类人，创业者还是打工者？在看到这里的时候，是否有创业的冲动？其实创业并不难，也并不会有多苦，当我们今天积累了足够多的东西后，不妨给自己一个机会去尝试着创业，改变自己的现状，提升现在的生活品质。

希望我们努力呈现的这本书，可以为大家提供更多的思路，关于创业、关于梦想、关于未来……

执行第一，现在出发，不管是打工也好，还是创业也好，改变命运和待遇的时候，我们要抓紧时间行动起来。

附录1　SEO服务协议范本

SEO 服务协议（范本）

甲方：	代表人：
地址：	邮编：
电话：	传真：

乙方：	代表人：
地址：	邮编：
电话：	传真：
开户行：	账号：

经甲、乙双方友好协商达成以下共识。

第一条 网站搜索引擎优化服务是指乙方通过针对甲方网站的网页内容以及 SEO 技术提高甲方网站的关键词在指定搜索引擎上的排名位置。以下称 SEO。

第二条 由于搜索引擎算法的改变具有不确定性，故本合同约定：甲方指定关键词在达标后出现暂时性的从指定页面消失属正常情况，但消失时间不得超过 2 周，如果超过 2 周则视该关键词当月无效，乙方须根据该关键词的约定价格按比例给甲方退款或顺延服务时间。其计算方式如下：设某关键词全年服务费用为 600 元，如果某月消失时间超过 2 周（600/12 × 1=50 元），即乙方须得退还甲方该月费用的 50 元或顺延服务时间 1 个月。

第三条 如果确因某些原因，造成个别关键词无法达到约定效果时，由甲方选择以下赔偿方式：1. 用搜索引擎本身推出的广告方式保证关键词在本合同约定页显示；2. 协商退款。

第四条 甲方的权利和义务。

4.1 提供专人与乙方联络。

4.2 甲方必须保证网站内容的合法性和真实性，如果因此引起纠纷，乙方不承担任何法律责任。

4.3 合同签订后，甲方提供网站的FTP等各种必要的资料并授权乙方对网站进行必要的修改。

4.4 按照合同的约定，及时支付费用。如果因为乙方过错未能如期完成合同约定内容，甲方有权要求终止，并按未完成关键词个数所占比例，要求乙方退还相应款项。

4.5 在SEO期间如果甲方需要对网站进行内容的更改或对网站重新设计改版须得征求乙方同意，否则因此造成的网站无法达到约定的优化效果，后果将由甲方自行负责。

4.6 甲方对涉及甲方形象的页面、图像等网站内容享有排他权。

4.7 甲方只在合同有效期内享有乙方为优化网站所提供的相关工具、程序源码的使用权，但不得将其复制、传播、出售或许可给第三方。

第五条 乙方的权利和义务。

5.1 提供专人与甲方联络。

5.2 按合同约定的关键词进行SEO。

5.3 在优化期间，如果未征得甲方同意，乙方不得擅自改变网站外观。

5.4 在要求的期限内，完成网站的优化，并通知甲方进行验收。

5.5 乙方针对甲方约定的关键词优化达标时应及时通知甲方，甲方也应即时通过互联网查看效果确认，如甲方未能即时确认，则该关键词的合同生效日以乙方发出通知的第3日为准。

5.6 如有个别关键词无法达到约定效果，乙方须得按本合同第二条和第三条相关规定承担相应责任。

第六条 验收。

6.1 乙方应以书面或电子邮件方式提供SEO结果，甲方也可以通过互联网访问优化结果。

6.2 SEO达到约定效果即为验收合格。

第七条 违约责任。

7.1 乙方在签订本合同后，证实无法向甲方提供规定的服务，甲方有权与乙方中止合同，并索回预付款。

7.2 任何一方有证据表明对方已经、正在或将要违约，可以提出中止履行本合同，但应及时通知对方。若对方继续不履行、履行不当或者违反本合同，该方可以解除本合同并要求对方以合同额赔偿损失。

7.3 因地震、火灾等自然灾害，战争、罢工、停电、政府行为等造成双方不能履行本合同义务，双方通过书面的形式通知对方，本合同即告中止。

第八条 保密条款。

双方应严格保守在合作过程中所了解的对方的商业及技术机密，否则应对因此造成的损失承担赔偿和刑事责任。

第九条 以上条款如有未尽事宜，经甲、乙双方协商后加以补充，附件有效。

第十条 本合同一式两份，具有同等法律效应。甲乙双方各执一份；本合同可以电子邮件或电子文档方式交付双方，即为有效。电子方式支付费用的支付记录即作为合同付款依据。

附录2 SEO工作进度与安排、价款、交付和验收方式示例

项目工作内容如下：

一、甲方提出SEO的网站网址为：______________________________

1.1 需要优化的关键词和价格列表。

关键词1价格：_____（元）；达标时间：约____月

关键词2价格：_____（元）；达标时间：约____月

关键词3价格：_____（元）；达标时间：约____月

关键词4价格：_____（元）；达标时间：约____月

关键词5价格：_____（元）；达标时间：约____月

关键词6价格：_____（元）；达标时间：约____月

关键词7价格：_____（元）；达标时间：约____月

关键词8价格：_____（元）；达标时间：约____月

关键词9价格：_____（元）；达标时间：约____月

关键词10价格：_____（元）；达标时间：约____月

1.2 实现要求：以上关键词实现在______、______查询结果的_____页，并保持实现之日起_____月以上。

注：本合同约定的_____页是指除搜索引擎本身所推出的广告业务外的前_____条记录。

实现结果以搜索引擎自由查询为准：通过搜索引擎搜索约定的关键词的查询结果在指定页出现为准。

二、付款方式

2.1 合同费用总计人民币（RMB）_____元。分3期支付。

第1期：在本合同签订时，甲方向乙方支付合同总费用的30%，共计人民币（RMB）_____元，用于网站结构重整和网站源码优化修改。

第2期：在某关键词达到本合同约定效果后的1个月内支付该关键词

约定费用的40%，共计人民币（RMB）_____元。

第3期：在某关键词达到本合同约定的时间到期时支付该关键词的剩余费用，共计人民币（RMB）_____元。

2.2 SEO生效期：SEO生效期为本合同签订之日起至本合同附件第1条约定日期。

2.3 合同期限：合同期限为本合同约定关键词达标之日起至本合同附件第1条约定日期结束。

甲方	乙方
授权代表签字	授权代表签字
时间	时间

附录3 网站 SEO 方案范本

网站 SEO 方案（范本）

1. 目的

提高网站页面在三大搜索引擎，即谷歌、百度、雅虎中的搜索结果排名，提升从搜索引擎获得的流量。

2. 优化工作的几个方面

2.1 优化全站网页，按照底级页模板、专题模板、频道模板、首页模板顺序修改。

2.2 优化站外合作（友情）链接。

2.3 优化和频道相关的搜索引擎热门关键词、时效性热门内容。

2.4 将动态页面 URL 静态化（应用 Apache 的 mod_rewrite 模块）。

2.5 定期跟踪观察优化效果。

3. 优化各方面工作的详细说明

3.1 优化全站网页模板。

3.1.1 用 Web 标准（DIV+CSS）重构页面模板，不使用 table 控制排版，不使用 table 嵌套。

3.1.2 网页文件越小越好，压缩和正文无关的代码，控制在 75KB 以内，用外部调用方式使用 CSS 样式单和 JS，广告和与正文无关的内容尽量用 Iframe、JS 等方式调用显示。

3.1.3 为最终页加上标题，格式：<title>网页标题 - 栏目 - 频道</title>，长度一般不超过 30 个汉字，不要空着标题，避免太多页面使用同样的标题。例如：<title>Intel 发布笔记本四核 CPU - 笔记本 - 某某科技</title>。

3.1.4 为网页加上内容简介标签，<meta name="description" >要清晰明了地写出网页内容，突出核心关键词。一般不超过 100 个汉字，不写与网页不相干的内容。现阶段可以填充 CMS 的新闻标题等相关变量。例如：<meta name="description" >，注意必须要有半角双引号。

3.1.5 为网页加上关键词标签，<meta name="keyword" >多个关键词用半角逗号隔开；写与网页相关的关键词，并把最相关的关键词排到前面。一般不超过 30 个汉字。例如：<meta name="keyword" >。

3.1.6 为正文的配图加上 Alt 说明，<img src="…." alt="说明">，可用 CMS 填充正文标题。例如：<img src=" " " alt="企业网站策划书">。

3.1.7 文章标题使用<h1></h1>强调、加粗<b></b>标记来强调主要内容。在 W3C 的 HTML 标准中，规定了使用<h1></h1>…<h6><h6>来注明标题，搜索引擎认为<h1><h2>中的标题是更重要的内容。例如：<h1>新闻标题或者专题标题</h1>。使用方法：可在 CSS 样式单中定义 H1 的字体大小、颜色、粗细等。

3.1.8 在底级页、专题页、栏目首页、频道首页放置和本页面主要内容相关的新闻、搜索、论坛链接。

3.1.9 保证底级页、专题页、栏目页中人工挑选的相关关键词的质量。参考 SEO 下的关键词优化栏目。

3.1.10 在底级页的搜索引擎文本输入框中预置相关关键词。

3.1.11 注意导航设计（Sitemap）：所有的页面都能从频道首页用不超过 5 次点击链接到，所有页面都能链回首页；避免链接错误，比如调用不存在的图片和链接到不存在的网页。

3.1.12 避免用 JS、Flash、大幅图片来制作整个页面；如果一定要，必须在页面中留下文本内容。

3.1.13 在</BODY>之前用注释的方式重复正文标题和关键词。

3.1.14 专题、栏目等页面的 URL 使用核心主题的汉语拼音（优先）或英文，但不要过长。

3.1.15 频道首页 Title 修改为“频道名 - 核心内容”。例如：“房产”改为“房产 - 中国房地产最新报道”。

3.1.16 在页面模板头部添加 <meta name="Robots" >。

3.1.17 为频道 LOGO 增加 Alt 说明。

3.2 站外合作（友情）链接优化。

3.2.1 多和优秀的同类网站交换链接，使用文字或者图片链接形式，保证合作网站、合作专题的首页有对应链向首页的链接，争取合作网站每个网页都有对应链向首页的链接。

3.2.2 文字链接形式。在链接文字中使用和链接页面内容相关的最热门的相关关键字，比如“软件下载”比“软件”效果好。

例如：<a href="http://software.***.com/" target="_blank">软件下载</a>

3.2.3 图片链接形式，为图片加上 Alt 说明。

例如：<a href="http://www.***.com/" target="_blank"><img src="toment.gif" alt="娱乐 - 电影、电视、音乐最新报道"></a>

其中 alt 是对图片的注释，加入和链接页面相关的热门的相关关键词。

3.2.4 相关关键词选取的依据。频道名称、栏目名称、频道主要内容，以及参考搜索引擎用户最常使用的关键词：http://top.baidu.com/，http://www.sogou.com/top/index.html。

3.3 针对频道热门内容的优化。

3.3.1 每日更新热门栏目。

3.3.2 针对频道热门内容发布尽可能多的原创内容。

3.4 将动态页面 URL 静态化（应用 Apache 的 mod_rewrite 模块）。

例如：用户和搜索引擎 spider 程序所访问的静态化 URL http://app.***.com/music/searchsong/singer/周杰伦。在后台重定向到 http://app.***.com/music/searchsong.php?mod= singer&keyword=周杰伦。

这 2 个 URL 所显示的内容一样。

3.5 跟踪统计优化的效果。

根据日志统计包括每日从百度、谷歌、雅虎等搜索引擎带来的流量。

如有任何疑问再续沟通。

撰写人：×××

20××年×月×日

附录4 需要了解的操作理论

为了加强实际操作效果，最后补充说明有利于操作的理论知识，这些理论都是 SEO 人经过多年实战经验总结出来的，能够为你成功迈出第一步提供强有力的推动力。

1. 马蝇效应

林肯少年时和他的兄弟在肯塔基老家的一个农场里犁玉米地，林肯吆马，他兄弟扶犁。那匹马很懒，慢慢腾腾、走走停停，可是有一段时间马走得飞快。林肯感到奇怪，到了地头，他发现有一只很大的马蝇叮在马身上，他就把马蝇打落了。看到马蝇被打落了，他兄弟就抱怨说："哎呀，你为什么要打掉它，正是那家伙使马跑起来的嘛！"所以，在你心满意足的时候，去寻找你的马蝇吧！没有 Firefox 就不会有 IE7，Firefox 就是微软的马蝇之一。马蝇不可怕，怕的是会一口吃掉你的东西，像 IE 当初对网景所做的那样。

2. 最高气温效应

每天最热的时候总是下午 2 时左右，我们总认为这个时候太阳最厉害，其实这时的太阳早已偏西，不再是供给最大热量的时候了。此时气温之所以最高，不过是源于此前的热量积累。具体到网站上，你今天的网站流量，是你一个星期或更长时间以前所做的事带来的。

3. 超限效应（溢出效应）

刺激过多、过强和作用时间过久而引起的极不耐烦或反抗的心理现象，称为"超限效应"。所以，不要到别人论坛里发太多广告，也不要在自己网站上放太多广告，更不要在自己的论坛里放太多、太明显的诱导话题。

4. 懒蚂蚁效应

生物学家研究发现，成群的蚂蚁中，大部分很勤劳，寻找、搬运食物争先恐后，少数蚂蚁却东张西望不干活。当食物来源断绝或蚁窝被破坏时，那些勤快的蚂蚁一筹莫展。“懒蚂蚁”则“挺身而出”，带领众伙伴向它早已侦察到的新的食物源转移。所以，不要把注意力仅仅放在一个网站上，即使这个网站现在为你带来一切。你要给自己一些时间寻找新的可行的方向，以备万一。

5. 破窗理论

一栋建筑上的一扇玻璃窗碎了，没有及时修好，别人就可能受到某些暗示性的纵容，去打碎更多的玻璃。管理论坛时，如果你发现第一个垃圾帖，那就赶紧删掉它吧。

6. 羊群效应

一个羊群（集体）是一个很散乱的组织，平时大家在一起盲目地左冲右撞。如果一头羊发现了一片肥沃的绿草地，并在那里吃到了新鲜的青草，后来的羊群就会一哄而上，争抢那里的青草，全然不顾旁边虎视眈眈的狼，或者看不到其他地方还有更好的青草。所以，不要盲目跟风，要保持自己思考的能力。

7. 墨菲定律

如果坏事情有可能发生，不管这种可能性多小，它总会发生，并引起最大可能的损失。所以，除非垃圾站，否则不要作弊，对搜索引擎不要，对广告也不要。

8. 光环效应

人们对某个人的某种品质或特点有清晰的知觉，印象比较深刻、突出。这种强烈的知觉，就像月晕形式的光环一样，向周围弥漫、扩散，掩盖了对这个人的其他品质或特点的认识。所以，不要轻易崇拜一个人或者一个公司、一个概念、一种做法。

9. 蝴蝶效应

一只亚马逊河流域热带雨林中的蝴蝶，偶尔扇动几下翅膀，两周后，可能在美国得克萨斯州引起一场龙卷风。所以，不管你做什么，网站或者其他，你都应该关注新闻，机遇或者灾难可能就在那里。

10. 阿尔巴德定理

一个企业经营成功与否，全靠对顾客的要求了解到什么程度。我赞同别人的点评：看到了别人的需要，你就成功了一半；满足了别人的需求，你就成功了全部。这一点尤其适用于做网站。

11. 史密斯原则

如果你不能战胜他们，你就加入到他们之中去。不要试图做孤胆英雄。如果潮流挡不住，至少你要去思考为什么。

12. 250定律

每一位顾客身后，大体有250名亲朋好友。如果你赢得了一位顾客的好感，就意味着赢得了250个人的好感；反之，如果你得罪了一名顾客，也就意味着得罪了250名顾客。在你的网站访客中，一个访客可能可以带来一群访客，任何网站都有起步和发展的过程，这个过程中此定律尤其重要。

13. 马太效应

有这样一个故事，一个国王远行前，交给3个仆人每人一锭银子，吩咐他们："你们去做生意，等我回来时，再来见我。"国王回来时，第一个仆人说："主人，你交给我的一锭银子，我已赚了10锭。"于是国王奖励他10座城邑。第二个仆人报告说："主人，你给我的一锭银子，我已赚了5锭。"于是国王奖励了他5座城邑。第三个仆人报告说："主人，你给我的一锭银子，我一直包在手巾里存着，我怕丢失，一直没有拿出来。"于是国王命令将第三个仆人的一锭银子也赏给第一个仆人，并且说："凡是少的，就连他所有的也要夺过来；凡是多的，还要给他，叫他多多益善。"这就是马太效应。在同类网站中，马太效应是很明显的。一个出名的社区比一个新建的社区更容易吸引到新客户。启示是如果你无法把网站做大，那么你要做专，做专之后再做大就更容易了。

14. 不值得定律

不值得做的事情，就不值得做好。不要过度SEO，如果你不是想只做垃圾站。不要把时间浪费在美化再美化页面、优化再优化程序上，在你的网站盈利后，这些事情可以交给技术人员完成。

15. 彼得原理

劳伦斯·彼得认为，在各种组织中，由于人们习惯于对某个等级上不同称职的人员进行晋升提拔，因而雇员总是趋向于晋升到其不称职的地位。所以，不要轻易改变自己网站的定位。

16. 零和游戏原理

当你看到两位对弈者时，你就可以说他们正在玩"零和游戏"。因为在大多数情况下，总会有一个赢，一个输，如果我们把获胜计算为得 1 分，而输棋为−1 分，那么，这两人得分之和就是 1+（−1）=0。所以，不要把目光一直盯在你的竞争网站上，不要花太多时间抢它的访客。我们应该把这些时间用来寻找互补的合作网站，挖掘新访客。

17. 巴莱多定律（Paredo，也叫二八定律）

你所完成的工作里 80%的成果来自于你 20%的付出，而 80%的付出只换来 20%的成果。所以要随时衡量你所做的工作，看哪些是最有效果的。